國家出版基金項目
NATIONAL PUBLICATION FOUNDATION

黃河流域水利碑刻集成

山西卷 八

總　主　編　趙超　行龍

執行總主編　駱玉安

本　卷　主　編　郝平

本卷執行主編　吳小倫

上海交通大學出版社
SHANGHAI JIAO TONG UNIVERSITY PRESS

民國時期（二）

重俢碑記

龍王廟堂坐而兩龕……

（碑文漫漶，難以全辨）

大清乾隆二十年歲次乙亥十月十三日

當城社八年重修

北土□四□……施錢八十文

南坪

趙坪

黄龍

宗座

……三座各施錢二千文

……施錢二千文

經銀

王英　　施銀一兩

趙來　　施銀二兩

高維衡　施銀二兩

趙德鳳　施錢五百文

賈弘志　施銀五錢

任品廣

化僧了酉　施錢一千文

徐宣

徐貴

石匠　王時雍

泥匠　趙樹成

耿加玉

吉自立

光緒十八年春栽……

1005. 重修碑記

立石年代：民國五年（1916 年）
原石尺寸：高 134 厘米，寬 69 厘米
石存地點：大同市廣靈縣南村鎮莎泉村北老龍王堂

重修碑記

立廟勒碑，所在□有，類皆表山川□□峙，記造建巍峨，概未足异。惟老龍王爺堂，坐兩鎮之交界，實靈、渾之福堂。□山之號其廟，而龍之名其堂。無斧鑿痕，有廠闊堂。問所自始，父老無知者。堂固奇，□且更奇。諸大龍王説，從北地自來，列坐堂中，後人修廟祀之。水旱即禱，有禱即靈。訛傳幻語，未之或認真。然所欲求雕塑工匠，杳無傳人，誰疑敢假？果若人言，真天造地設，妥靈神而庇嘉穀也！奈世遠年湮，殿宇□甚鮮潔，聖像未免塵封。住持僧人了璽，矢志重修，慨然募化。會集渾源州兩村，廣靈縣六村，共議□□。雖四方不無布施，而八村資財较重，且多鳩工庀材，不兩月告竣。丹楹綉棟，欽廟宇之彪炳；金碧丹輝，□□像之莊嚴。斯舉也，詎敢奪天工，止以溯神堂之靈異。豈云紀人勞，不過望奕祀之嗣修耳！故爲誌。

延陵貢生周文熾撰題。

住持化僧了璽，徒弟達智施錢一千文，經領人王英施錢一錢，趙來璽施銀一錢，高維衡施銀二錢，賈弘志施銀五钱，赵德鳳施银五百文，任品重施银一钱，任廣。

南村、□□、梁庄三村各施钱二千千文，黃龍、南坪、趙坪、北土嶺四村各施钱一千千文，白家庄施钱八千文。

八堡龍王堂今有土地九畝，坐落白家庄村西，地名笑□地，貳段，东西畛。东截东至道，西至王家坟，南至楊姓，北至鄭姓。西截東至王家坟，西至王姓，南至楊姓，北至鄭姓。隨帶地□□钱零五厘。

石匠徐宣、王舉、徐貴。化匠王時雍、趙樹成。泥匠耿加玉。

大清乾隆二十年歲次乙亥十月十二日吉日立。

時咸豐八年重修。

能修禅師復將……於龍王堂，以助香火。今將地名四至開列於左：

冯庄小道地一段九畝，东西畛。东、北二至王姓，西至溝底，南至閏姓。

又烟道地一段四畝，南北畛。东至王姓，西至张姓，南至龐姓，北至道。

二地隨带粮錢七分五厘。共價大錢四萬六千文。

石工趙爲元。堂前松樹五株光緒十八年春栽。

資助香火費：姜爲義、杜盤各施錢一千文。

中华民國五年六月六日，趙家坪社首經理刻石以垂永久。

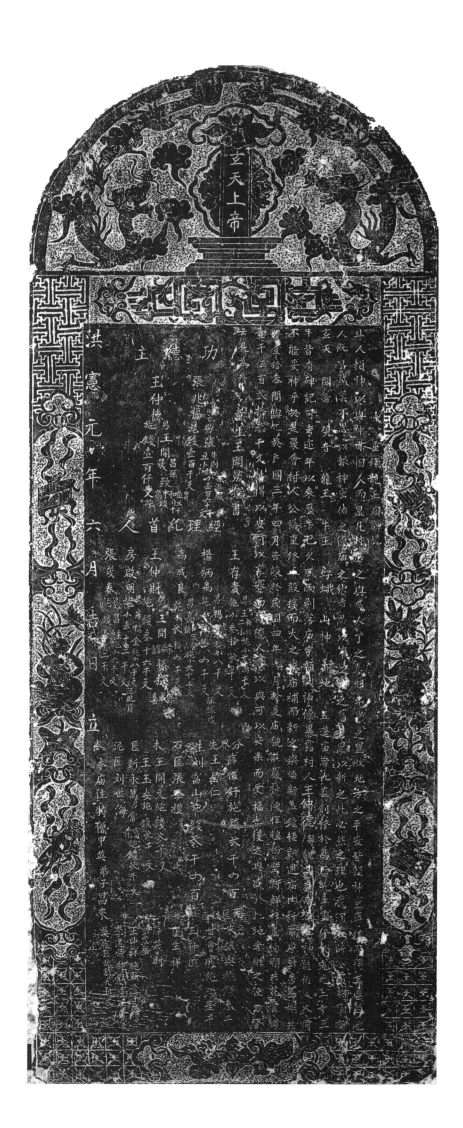

1006. 重修龍王廟碑記

立石年代：民國五年（1916年）
原石尺寸：高165厘米，寬64厘米
石存地點：呂梁市方山縣文化和旅游局

〔碑額〕：玄天上帝

重修龍王廟碑記

且人賴神以興，神亦因人而显。凡村庄之興盛，人丁之喜旺，年歲之豐收，地方之平安，皆賴神靈密佑而得其昌盛也。人既昌盛，莫不思以報神密佑之德。庙之狹者思以廣之，庙之舊者思以新之，此必然之理也。我河庄所公□村舊有玄天、關帝、观音、龍王、牛王、蚜蛾、山神、土地、五道庙者九座，創修於萬曆九年，重修於道光二十三年，皆有碑記可考。迩年以來，歷年已久，風雨剥落，庙宇頹倒，神像暴露。村人王仲德等睹其庙而嗟□："神能佑人，人何不能妥神乎？"於是聚會村人，公議重修。正殿擴而大之，衆庙補而新之，樂楼新盖，鐘楼新建，庙内新齋房、厨房、馬棚共修壹拾叁間。興工於民國三年四月，告竣於民國四年九月。於是庙貌莊嚴，神像輝煌，粉壁新鮮，彩畫絢爛。共花費錢壹千伍百貳拾叁千文。神得以安，可以享賽而報德；人愈以興，可以安樂而受福也。後之興盛於此地者，繼之使勿替云。是爲序。

童生王開晟撰書。

功德主：張兆福施錢壹百千文，男張牛則、張丑小，孫張添成施錢壹百六十千文。王仲德施錢壹百千文，男王開昌、王開晟，孫王致萬、王致中、王致和、王致位、王致育施錢貳十七千。

經理糾首人：王存貴施錢叁拾貳千文，男王任旺、王二小施錢貳拾四千文。楊炳高施錢貳拾四千文，男楊□旺施錢八千文，孫楊探成。高成良施錢貳拾四千文，男高任（家管）、高揹大施錢貳十千文。王仲財，男王開榮、王開華、王開富、王開貴，孫王探保、王探成、王探喜施錢叁十六千文。房啓明施錢壹十二千文，男房協金施錢八千文，孫房芝賢。張茂春施錢壹十二千文，男張昌主、張昌貴施錢六千文。分界先生薛恒舒施錢貳千四百，王居仁、刘富山施錢貳千四百。張家梁、王仲祥施錢壹千貳百文，李建萊施錢壹千貳百文，吳家猶施錢九百文。□家□、王仲祥施錢壹千貳佰文，李建荣施錢壹千貳佰文，吳家□施錢九佰文。

石匠：張夅禮。

木匠：王開文施錢貳千文，王玉安施錢貳千文，靳永萬，男靳常富、靳常莱施錢貳千文。

泥匠：刘世海。

磚匠：朱振興施錢叁千。

鐵匠：甘會成施錢壹千。

丹青：王仲值、崔生祥、薛茂財。

本庙住持僧甲英，弟子昌來。

洪憲元年六月吉日立。

闻亘古以來地生泉源水利公歟城資民般
此歷代國朝之吳政祀吾鄉上沃祀地名河皇辰
青古有泉水源出吾村小桑五甲之地二可餘
祇以資灌溉歷有年所成規西五年民間五年
明間天道亢旱泉水不暢灌溉不足忽有田工
明幸秋將肯雲吊水澆灌伊未能澆灌之
十地吾村知之將回某送縣以伊泰亂古規具
桌蒙縣尊趙大老爺批示不許泰亂成規定
茶拈是公同尸方村鄉斜公議日後無論何人
再不准堵截上流打水澆地攪亂古規如有違
者公同會議禀官完治永遠遵守於是勒石以
傳永遠不朽云爾

尸方村鄉斜任德源
黄河村鄉斜王伯臣　王俊
書丹任金全玉撰　　　志方公業立

後叙前清
董經學　　伍八伯丹入巳身施錢五串
高望炳慕化銀壹佰壹兩
武志仁　　洋元二百元
王炳業　前清鄉斜

天齊廟
關帝廟　共九處花費無存
永吉橋

民國五年十月十五日杜卓□鄉斜公頳□□

1007. 南浦村不許紊乱成規碑記

立石年代：民國五年（1916 年）

原石尺寸：高 46 厘米，寬 65 厘米

石存地點：晋中市靈石縣静升鎮南浦村天齊廟

　　蓋聞：亘古以來，地生泉源，水利必興，以資民殷。此歷代國朝之要政也。吾鄉上流地名河崖底者，古有泉水涌出，吾村小渠五甲之地二百餘畝以資灌溉，歷有年所，成規已久。今民國五年間，天道亢旱，泉水不暢，灌溉不足。忽有田二紅等，私將上流堵塞，吊水澆灌伊未能澆灌之旱地。吾村知之，將田某送縣，以伊紊亂古規具禀。蒙縣尊趙大老爺批示，不許紊亂成規定案。於是公同尹方村鄉糾公議，日後無論何人，再不准堵截上流，打水澆地，攪亂古規。如有違者，公同會議，禀官究治。永遠遵守。於是泐石，以傳永遠不朽云爾。

　　書丹任金奎并撰。

　　尹方村鄉糾：任德源、王俊。

　　南浦村鄉糾：王伯臣、高俊芳、高爾富、武志方、武富貴、武喜方，公議立。

　　後叙：前清董經學募化銀伍拾兩，又己身施錢五吊；高望炳募化銀壹拾貳兩，武志仁募化銀壹拾貳兩，王炳棠募化洋元壹百元。

　　前清鄉糾經手補修天齊、關帝廟、永古橋共九處，花費無存。

　　民國五年十月十五日社中鄉糾公記立。

重修天池碑序

計此地方只有破城一所原為防旱澇備浴澡飲牲畜也有時水鏡映波菜瀲流瀁彷古人之陳跡而侯游之浴沂修禊義
計亦多歷年所南岸為掘根挖折傾頹不堪若不急為整理恐日起頹塌而毛貲愈大矣村眾食謀修補苦乏資財爰議捐畜均攤共得若干金遂擇吉與工砌岸補隄登登馮馮
不文又不容辭姑即其緣由高所之庭可為永前敬後者之考
歡月兩池岸辭外水卜黨固工竣父老命余為序余本
云耳是為序

總理公直　仝立

岈岈民國五年歲次丙辰小春之月甲子澣立石

1008. 重修天池碑序

立石年代：民國五年（1916 年）
原石尺寸：高 129 厘米，寬 40 厘米
石存地點：臨汾市曲沃縣曲村鎮北容裕村天池西側

重修天池碑序

村坤方舊有陂塘一所，原爲防旱澇、備瀚濯、飲牲畜也，有時水鏡映波，萍踪流碧。仿古人之陳迹而優游之，浴沂修禊，賞心悦目，樂何如也。於鑠哉！斯池之設有關於村脉也，其功偉矣！第多歷年所，南岸爲樹根摧折，傾頹不堪，若不急爲整理，恐日就傾圮，而耗費愈大矣。村衆僉謀修葺，苦乏資財，爰議按畜均攤，共得若干金。遂擇吉興工，砌岸補隙。登登馮馮，不数月而池岸巉然，水卜鞏固。工竣，父老命余爲序。余本不文，又不容辭，姑即其緣由而序之，庶可爲承前啓後者之考據云爾。是爲序。

清□□附貢生……撰并書丹。

（捐銀人及總理公直人芳名略而不録）

大民國五年歳次丙辰小春之月中澣立石。

衆　善

重修聖泉寺碑記

中華民國伍年歲次丙辰冬月穀旦立

住持僧昌建僧隆源能悅楽化紛

經理人

1009-1. 重修聖泉寺碑記 （碑陽）

立石年代：民國五年（1916 年）
原石尺寸：高 133 厘米，寬 72 厘米
石存地點：朔州市朔城區下團堡鄉大白坡村北

〔碑額〕：衆善

重修聖泉寺碑記

盖聞佛、聖、仙三教聖人也，三天界外師尊，十方慈父。天下凡夫敬佛聖仙神而遠之，惟有界内三天諸神各有應也。人有心也，天賦人之性也；性之德也，合外内之道也；道合於心，心合於神靈之應也。應以山高出峻，諸峰之一，上有豐王古墓，來龍伏脉，朔郡□景之一；下有紅石岩古洞，緑水青山，景色之鮮；以下有聖水神泉，山川社稷，稼穡且將美焉。因健寺以持名之。紀其勝境，爲前人禱雨之所，歷年一十八。村夏季省牲設供，答報龍神，□霖降時，普潤蒼生。視其寺廟，墙垣頹殘，風雨剥落。創建整修，歷有碑記可考，兹不復贅。迄今民國夏己卯，糾集衆善士貢生龐丕謀、善人落得業等赴義捐資重修。損者葺之，缺者補之，鳩工庀材，不數月而焕然一新，於是丙辰春三月，请乞佛會七期。鐘鼓齊鳴，香燈不絶，獲教龍神默佑，各鄉村界□消寧静，風雨順時，毓秀鍾靈而蔚起焉。望於四鄉善人，諸位君子，共襄聖事，繼善無窮焉。是爲序。

朔州庠生閻逢庚薰沐謹撰，世齊馬化元沐手書丹。

田涌捐銀十五兩，王揚損銀十三兩五錢，龐世昌捐銀十三兩，趙珍捐銀十二兩五錢，落九洲、落九皋、落魁隆、尹泰四人各捐銀十一兩，邊珍捐銀十兩，劉貴捐銀九兩，雷向前捐銀八兩五，郭占元、王海、高训、邊奇山四家各捐銀八兩，張瀛捐銀六兩五，劉輔捐銀六兩，王□、廣□□、梁鈞、落□崙四家各捐銀五兩，任有倉施□二千五百文，郭希汾、劉仁、龐世澤、劉國四家各捐銀□兩五，隆□施錢叁千文，李潤施錢叁千文，賀鳳翔捐銀三□，李生華、苗沛霖、劉應福三家□捐銀□兩，王門李氏、邊□□□各捐銀三兩，落芝萊、邸銀、高折桂三……邊官儒、邊官珠、張鳳儀、徐泰、王萬前五家各捐銀二兩。

經理人：梁鈞、郭占元、落九洲、王揚、田成甫、龐丕謀、落九皋、張瀛、高訓、劉貴、邊奇山、邊珍、尹泰、龐世昌、苗沛霖、雷向前、落魁隆、劉輔、王海、落得業。

住持僧昌璉，徒隆源，徒孫能懷、能悟、能悦、能□募化。

中華民國伍年孟冬月穀旦立。

1009-2. 重修聖泉寺碑記（碑陰）

立石年代：民國五年（1916年）
原石尺寸：高133厘米，寬72厘米
石存地點：朔州市朔城區下團堡鄉大白坡村北

〔碑額〕：奉行

……各一村□□其姓名，但銀數不一，難以如此。今將村□開，而其姓名銀數多少後序。

上下磨石溝、峙峪村、霍庄、田家窑、上下團堡、馬云堡、庄頭、鋪上、小堡子、泉武營、□家溝、大白坡、太□村、□□□、施家庄、孫子嘴、石崖灣、□子坪、□澗兒、白塘子、馬蹄溝、四勝店、□十八庄、北邢家河、城內。

……高明星、高明斗、高明洲、落持邦、邊永清、劉世平、劉世銀、王銀、宣永中、邢日寬、尹先成、王巨奇、落成林、惠士元、龐生銀、張貴、李成龍、高存林、劉成、落紅章、郭莱，以上廿一家各捐銀一兩五。丁泰昌：王前山、崔祥、邢有慶、劉有、蘇茂、高登相、劉慶云、邊崗、邊耀成、邊鳳池、劉裕、劉江瑞、劉述、徐正心、徐茂、田喜雨、田門杜氏、高文、梁萬金、雷佑前、落於肖、杜毓秀、李增萊、郭子汾、落門□氏、落芝□、谷有倉、王六虎、落岳宮、龐世泰、張恒、張政、張秀、常萬貴、劉宗周、高富、高緒堯、高聰、高登會、徐道祥、徐登弟、趙天禄、呂明、李崙。三義石鋪：高連會、高連魁、高如枝、李澍成、李喜成、李義、聶雲龍、聶化龍、宋丕成、宋有才、溫國禎、聶存龍、閆守銀、韓宗如、張乃堂、武功、孫獻武、王愛成、郝占有、程廷秀、張存義、高崙，六十八家各捐銀一兩。冀培文、田雨時、孫月明、王珠，以上四家各施錢五百文。邊鳳剛、邊含藻、邊富寧、邊懷、邊緒、高海德、苗鳳林、王裕、徐成基、徐九官、冀祥、王崗圖、梁懷孔、梁萬元、杜生青、杜渭、杜海、杜沼、杜巨花、杜天和、邊九肖、邊步斗、邊常甫、邊映桂、劉永泉、王恭基、王殿安、魏廷相、龐在金、苗殿元、邊鳳成、武善繼、武善志、梁萬英、張廷彥、張秉德、王日新、賈泰、□厚、□□邦、□□里、□泰、落義、落受林、武明、張有中、王亢、李才元、王温、杜洛、武世有、蔚成、劉萬玉、田有雨、落存隆、落成業、落登鰲、落會鰲、賀昇、落現邦、落安邦、劉萬金、劉鉅、落吉瑞、劉全、高連、韓□、落□□、落文森、趙朋林、于保全、賈文魁、落騰鰲、于清泰、落依鰲、劉應、劉通、雷和、落中福、劉祥、賈學云、惠士仁、段生甫、張和、馬海心、蒯根、張應常、苗發仁、劉天佐、劉現瑞、劉懋修、劉現富、田威、田成名、田舒、田成官、田淑、田門王比、田栗、田倉、張廷孝、梁鐸、解天禄、鮮天元、鮮天□、高禹、鮮天昇、梁□、落鳳、梁□鳳、梁□鳳、梁龍、白銀、赫永紹、赫善計、赫銀、王巨桂、高喜、王炳紅、高福云、高怨林、李林茂、李鳳山、高貴、高善旭、程宗桂、程福、程占鰲、程懷仁、程紹順、呂青云、李門田氏、王門蔚氏，以上各捐銀五錢……

民國二年水災碑記

天之愛人甚矣然暴雨為災良有
以也春秋二百四十年大水有九飢
有饉藏天道可畏乎哉清時宣統二
年七月朔日壬寅昧爽暴雨如注壞
吾村東南山田地無數至民國二載
六月之間彌月不雨黎民憂思如火
焚心至二十八日癸亥夜晨且寅
大雨滂沱民心甚喜苗禾濃雲如墨
卯辰電電暴雨震傾不止百里之間
水勢洶天高岸為谷深谷為陵一切
良藏被其禍實為數百年未有之
巨災是民情莫不千天和平抑亦
氣數之遇然乎論者謂堯之時猶有
九年之水水之害固有定數不關予
人事也不知堯時水也無所歸故橫流
為患蓋非暴雨之水也雨之暴乃天
之暴怒也自召耳飲食太平而
薛惟人與諸君懼後之人享太平而
愛天戒故謹記其事刻諸頑石願萬
世而下祈豐年以獲福慶者惟
常備儲蓄於有歲丁也
天成於十裂欲防歉年以免饑餒有
魏香存
劉香福

雍首
趙興發
張時雨
生員張時兩書丹
趙興起

通共一切花費大錢壹百八十串有餘

民國六年五月初十日　立石

1010. 民國二年水災碑記

立石年代：民國六年（1917 年）
原石尺寸：高 66 厘米，寬 150 厘米
石存地點：長治市平順縣石城鎮豆峪村山神廟

民國二年水災碑記

天之愛人甚矣，忽然暴雨爲灾，良有以也。春秋二百四十年，大水有九，孔子書之，記异也。胡氏謂：陰逆怨氣之所致，是天人感應之理甚昭昭也。前數十年，人心淳朴，雨暘時若，無或灾害；近數十年，風俗澆漓，旱乾水溢，靡有寧歲，天道可畏乎哉！清時宣統二年七月朔日壬寅昧爽，暴雨如注，壞吾村東南山田地無數。至民國二載六月之間，彌月不雨，黎民憂思，如火焚心。至二十八日癸丑夜，濃雲如墨，大雨滂沱，民心咸喜。至甲寅晨、丑寅卯辰，雷電暴雨，震傾不止，百里之間，水勢滔天，高岸爲谷，深谷爲陵，傷人畜極多，壞房田甚衆。臨溝、臨河，一切居民，咸被其禍，實爲數百年未有之巨灾，是民情乖戾以干天和乎？抑亦氣數之適然乎？論者謂，堯之時，猶有九年之水，水之害，固有定數，不關乎人事也。不知堯時，水無所歸，故橫流爲患耳，非暴雨之水也。雨之暴，乃天之暴怒也，不得專歸乎氣數乖氣致异，惟人自召耳。吾村鄉飲耆賓劉公，諱□□，與諸君懼後之人，享太平而忽天戒，故謹記其事，刻諸貞珉。願萬世而下，欲祈豐年以獲福慶者，惟凜天威於寸衷；欲防歉年以免饑餒者，常備儲蓄於百歲可也。

生員劉□□、劉□同撰。生員張時敏書丹。

總維那：□□□、□□□。

維首：張時雨、趙子發、趙興起、劉欽、李文起。

玉工：魏香存、常生福、劉振和。

通共一切花費大錢壹百八十串有餘。

中華民國六年五月初十日立石。

民國時期（二）

中

華

嘗思先哲立規非特適用於一時而實便利於百世也余

第知每年正月十八日早晨東澗回新水至三十二日戌刻止共五天四夜西澗二十

二日戌刻接水至二十七日戌刻止共一夜一天此第一輪用法也至第三輪仿如第

一輪第四輪仍同第二輪餘照此推物無棄知先輩立法吾貴其酌可謂善用之

者前人立之後人遵之豈有口傳得悉筆典章遠平塞眾失傳其不至輪為意

資結能是非豈以發利為害者範也且有陝洪之健得以蹖口無憑弗亭舊章念意

妄符村何以扞止哉以故兩柱公議邀集村眾建陳舊規較正碑蔡勒諸員石以認不

福朱禾牧

中待序 畢 業士 蕭 象賢撰文

一東院圖頭 該東南下五趙上陳加里馮

一馬家田頭 誤馮程鄉陳上貫五趙五下衛東

一天逵東院田頭二月演戲詼話東六分支應掖于梓松大月缺西六分支持

一週馮家甲頭一月演戲甲頭二月演戲四六分支應掖于梓松七月詼東六分支持

一每年齡渠份首賜曜嘉則开在監臨囑指示之責每分詼正三谷

一逢神賽之年係兩分支持二輪一轉敵半分不支 十三分人莘

一每年龍王會敨神分所備雜供物獻神設座 取回東院水二十日六柱香

一過演戲或修補等事臨時酌辭校 園長佾王堂全立

民 取回東院水二十日六柱香

國 公直楊富業全立

柒 保地趙友曲

年 園長佾王堂全立

花

月

吉

日

立

1011. 水規碑記

立石年代：民國七年（1918 年）
原石尺寸：高 80 厘米，寬 42 厘米
石存地點：運城市永濟市虞鄉鎮風柏峪村

〔碑額〕：中華

　　嘗思先哲立規，非特適用於一時，而實便利於百世也。余村水規，不知何時何人所立，第知每年正月十八日早晨，東澗回新水，至二十二日戌刻止，共五天四夜；西澗二十二日戌刻接水，至二十三日戌刻止，共一夜一天。此第一輪用法也。至第三輪，仍如第一輪，第四輪仍同第二輪，餘照此推。均無不知先輩立法苦費斟酌，誠可謂善矣。所憾者前人立之，後人遵之，僅有口傳得悉，毫無隻字堪稽，世遠年湮，泯蔑失傳，其不至輪次錯亂，是非蜂起，變利爲害者，絕鮮也。且有強梁之徒，得以藉口無憑，弗率舊章，恣意妄行，將何以扞止哉？以故兩社公議，邀集村衆，述陳舊規，較正確鑿，勒諸貞石，以誌不朽。是爲叙。

　　中等畢業士蕭象賢撰文。

一、東院回頭，該東衛下五，趙孟賈上，陳郝呈馮。

一、馮家回頭，該馮程郝陳上，賈孟趙五下，衛東。

一、逢東院回頭，二月演戲，該東六分支應被子、桌凳，七月該西六分支應。

一、遇馮家回頭，二月演戲，該西六分支應被子、桌凳，七月該東六分支持。

一、每年修渠，分首鳴鑼，渠衆并任監督指示之責，每分該工二人。

一、逢神賽之年，係兩分人支持，六輪一轉，散半分不支。

一、每年龍王會敬神，分首備辦，供物獻神設座。

一、每遇演戲或修補等事，臨時酌辦，按水均攤。

取回東院水二月十日，六柱〔炷〕香。

十三分人等，公直楊富榮，團長衛玉堂，保地趙友典，同立。

民國柒年花月吉日立。

重修東西二橋碑記

壽陽為東西往來之衝迤由東關
朝陽閣外有安定橋俗名東河橋
由西關童子河之西有鎮河橋又
名迎仙橋東通幽燕西接川陝為
衝達之要路亦閻邑形勝之所聚
也東河橋之水從麗莊諸村而來
迎仙橋之水經城北曹家河而至
西歸壽水東入浮河二季清
流漣漪水僅涓勺每當歲夏之時
山水暴漲往往冲塌故自前清道
光同治光緒間屢經修補雙虹應
以並峙二橋咸慶平康乃歲乙卯
深輪歸雜踵橋上砌石損失已多
橋下洞口壅塞尤甚偈弗重新修
理則二橋傾圮行人將裹足不前
其何以通往來使商旅遂於城鎮
商會諸董事商議重脩遂於城鎮
鄉募集多賞倡率鳩工築堤濬渠
鋪石砌道俾側者平之無阻碍之
憂塞者通之鮮決突之憂是役也
經始於乙卯之春落成於戊午之
夏統計閱平四載經費若干爰
其巔末勒之貞珉庶後之覽者亦
將有感而興起焉是為記

1012-1. 重修東西二橋碑記（一）

立石年代：民國七年（1918年）
原石尺寸：高45厘米，寬90厘米
石存地點：晉中市壽陽縣文物管理所

　　壽陽爲東西往來之衝途。由東關朝陽閣外有安定橋，俗名東河橋；由西關童子河之西有鎮河橋，又名迎仙橋。東通幽燕，西接川陝，爲衝逵之要路，亦闔邑形勝之所聚也。東河橋之水，從龐莊諸村而來。迎仙橋之水，經城北曹家河而至，西歸壽水，東入濠河。春秋二季，清流漣漪，水僅涓勺，每當盛夏之時，山水暴漲，往往冲塌。故自前清道光、同治、光緒間，屢經修補。雙虹應以并峙，二橋咸慶平康。乃歲月既深，輪蹄雜遝，橋上砌石損失已多，橋下洞口壅塞尤甚。倘弗重新修理，則二橋傾圮，行人將裹足不前，其何以通往來、便商旅乎！歲乙卯，商會諸董事商議重修，遂於城鎮鄉募集多資，倡率鳩工，築堤、浚渠、鋪石、砌道。俾側者平之，無阻碍之慮；塞者通之，鮮決突之憂。是役也，經始於乙卯之春，落成於戊午之夏。統計閱年四載，經費若干，爰叙其巓末，勒之貞珉。庶後之覽者，亦將有感而興起焉。是爲記。

1012-2. 重修東西二橋碑記（二）

立石年代：民國七年（1918 年）

原石尺寸：高 45 厘米，寬 50 厘米

石存地點：晋中市壽陽縣文物管理所

經理：趙松林、任謙德、張敬栻、張克明、王泰丞、郭樹屏、傅藝林、閻永吉、弓正觀、姜有信、武兆恭、劉乙青、孟執金、王朝鶴、張應和、潘恩俞、王萬年、胡富國、傅士林、王靳明、劉秉鈞、前清耆賓王肇基、張信成、張銕、丁志光、武寶鼎、趙裕如、王遠明。

前清廩貢生傅藝林撰文，前清從九品王信之書丹。

玉工：王守鳳。

中華民國七年陽曆六月穀旦。

1013. 重修龍神廟正殿碑記

立石年代：民國七年（1918 年）
原石尺寸：高 129 厘米，寬 50 厘米
石存地點：呂梁市石樓縣羅村鎮南溝村

〔碑額〕：流芳

神之福民也，不可度恩；民之祀神也，矧可□恩？必殿宇維新，祀事孔明，則神之右〔佑〕民無弗至焉。我東嶺上龍神數日之風雨調順，難以言□。當旱際太甚，屬衆民而之屈産祈禱，不但東鄉被其恩膏，石邑四境亦皆沐乎甘露。因此衆村長老心思達報，樂輸五百餘金，公舉高翁克柔等身屬鳩工庀材，重修樂樓、正殿、東西楹廡。丁巳初春舉事，仲秋告竣。雖工人極巧，經營潤澤，實□神力默右〔佑〕，靡所不至。比之昔年，廟貌更加壯觀，不爲之刻石誌名，久垂神之靈應，人之勞力，恐民國成立，將四、七月演戲聚會，無人盡心竭力以□神事，則目前之事費無庸言矣。誠可惜神之默右〔佑〕，社中之花□，致之東流，故將成功者姓名并輸金衆村刻石誌名，永垂不朽。

沙窑村糾首：田祖叢、許尚德、王風□、高克柔、王保太。

後泊河糾首：王懷仁、王春和、王春杰、王興鈞、王丕傲、王林如、甯隻榮、任貴元。

前泊河塬上：王重杰、王永太、郑桂林、曹德奎、王如意。

楼家庄糾首：任時杰、侯有口、任王有、侯忠恩、賈兆銀、吳見立、王太吉、任步升、王國明。

住持：王世達。

潞邑陳永忠，稷邑衛典泰。

泥木□□□，鐵筆□□□。

民國戊午年七月初旬吉日立。

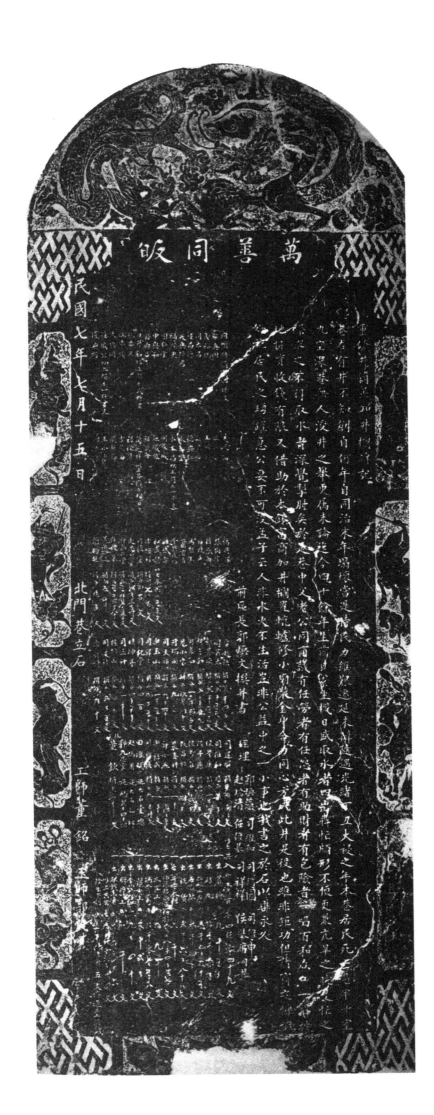

1014. 重修井筒并加井欄碑記

立石年代：民國七年（1918 年）

原石尺寸：高 160 厘米，寬 56 厘米

石存地點：晋城市澤州縣周村鎮周村東嶽廟

〔碑額〕：萬善同皈

重修井筒并加井欄碑記

　　巷右有井，不知創自何年，自同治末年塌壞。當是時，民力維艱，遷延未辦。隨遇光緒丁丑大祲之年，本巷居民死亡過半，十室九空，深巷無人，浚井之舉，更属末論。迄今四十餘年，生齒日繁，生機日盛，取水者四出奔忙，頗形不便；更兼亢旱之時、農忙之際，求之不得，取水者深覺掣肘矣。於是巷中父老公同商議，有任勞者，有任怨者，有助財者，有包險者，一唱百和，衆口一□。按地捐資，收錢有限，又借助于本鎮富商。加井欄、置轆轤、修小廟、裝金身，合力同心，方成此井。是役也，雖非巨功，但諸商之慷慨好施、居民之踴躍急公，要不可没！孟子云"人非水火不生活"，豈非公益中之一小事也哉？書之於石，以垂永久。

　　前區長郭焕文撰并書。

　　經理：郭焕藻、趙瑞清、司維和、任復基、司瑞圖、司祥祥、司維申、侯舉庸（司帳）。

　　（以下捐施人漫漶不清，略而不録）

　　工師：董銘。

　　玉師：郭茂□。

　　民國七年七月十五日北門巷立石。

1015. 崖頭村重修黃龍洞廟碑記

立石年代：民國七年（1918年）
原石尺寸：高107厘米，寬47厘米
石存地點：太原市古交市河口鎮崖頭村

〔碑額〕：千古不朽

蓋聞聖云：神恩洪大，濟世無窮也；忠靈常在，誠求則應。吾崖頭村村東古有亦黃龍洞庙，至今漏塌無所。人民公議建修神堂，同心一体。民國五年大旱六月矣。尽天高之際，愿祈甘霖。由然作雲，沛然下雨；五谷豐收，處處滿□。至於村民、花户、施費，開列于後也。

書丹殷深山，撰文康學章。

總經理修廟：張國萬、張如貴、張慶厚、張三庫。

五年糾首九家：張克禄、張克光、張克隆、張慶寬、張慶厚、張國萬、張如貴、張如隆、張三庫。

水善□八家：張克禄、張正寬、張慶寬、張發庫、張三千、張三金、張巨斌、張巨昌。

七年糾首：張慶江、張如林、張國旺、張巨忠、張三千、張三仁、張巨斌、張清通。

石匠：□縣郝近官、張丕華、刘連科。

本村陰陽張鎖布施銀貳兩。

張巨善施捨碑坯壹統。

中華民國七年十一月望月穀旦吉日立。

1016. 重修井碑記

立石年代：民國八年（1919 年）

原石尺寸：高 35 厘米，寬 47 厘米

石存地點：運城市稷山縣化峪鎮南位村

重修井碑記

夫水爲養生之□，而□可一日□。我社之井自清乾隆年間創始，至同治年間重修。泉雖不小，而水有可□□□。民國八年，水脉下行，瀝水不多，不足本社兩□人之用。合社商議修井，衆皆□然。于是□□□□多□四尺，小□盤能保水深泉旺，修……北□水過丈五矣。合社欣欣，兩水足用。□□□□五十餘串，合社公議，按人口、牲畜起□□□□作一半起收。工完之日立石，亦垂不朽云。

經理人：刘普秀、刘治平、刘春德、刘□□、刘文□、刘振興、刘運明、刘德喜。

（以下文字漫漶不清，略而不録）

民國八年陰曆瓜月中旬立。

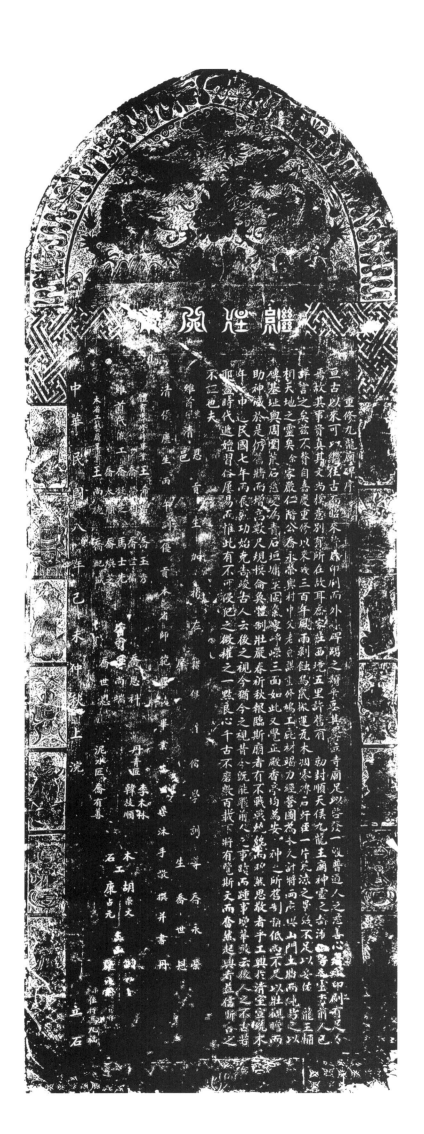

1017. 重修九龍廟碑序

立石年代：民國八年（1919 年）
原石尺寸：高 232 厘米，寬 76 厘米
石存地點：長治市黎城縣黎侯鎮喬家莊九龍廟

〔碑額〕：繼往開來

重修九龍廟碑序

亙古以來，可以繼往古而昭來許者，印刷而外非碑碣之類乎？要其聳立寺廟，足以啓發一般普通人之慈善心者，□印刷有足足焉。故其事貴真，其文尚樸，意別有所在故耳。喬家莊西境五里許舊有敕封順天侯九龍王廟，神靈之赫沛，□□之靈秀，前人已詳言之矣，茲不贅。自嘉慶重修以來，幾三百年，風雨剝蝕，鳥鼠搬運，瓦木凋零，磚石軒輊，一片荒涼之景，幾不足以妥佑龍王輔相天地之靈矣。余家嚴仁階公喬永榮與村中父老僉謀重修，鳩工庀材，竭力經營。圖爲永久計，將兩廊與山門土墻而純易之以磚，基址與周圍荒石悉變爲青石。垣墉鞏固，氣象崢嶸，三面如此。又覺正殿、香亭均爲安神之所，舊制稍低，尚不足以壯觀瞻而助神威。於是，仍舊墻而增高數尺，規模侖煥，體制壯嚴。春祈秋報，臨斯廟者有不戰戰兢兢而穆然思敬者乎？工興於清室宣統末年戊申，迨民國七年丙辰，厥功始克告竣。古人云後之視今，猶今之視昔。今既能繼前人之事迹而踵事增華，敢云後人之不古若耶？蓋時代遞嬗，習俗屢易，而惟此有不可侵犯之微。權之一點良心，千古不磨，數百載下，將有覽斯文而奮然起興者，益信斯言之不誣也夫！

維首兼管□清恩邑貢生加捐在籍候補儒學訓導喬永榮，清邑庠生喬世恩，清優廩生丙午副優貢本省師範學校畢業□□□沐手敬撰并書丹。

維首代催工：體育專修科畢業王希曾、喬玉秀、喬榮相、喬凝芝、喬太順、喬世福、馬士先、喬煥芝、本省工藝局畢業王尚德、喬配盛。

香首：喬恩科、□尚端、喬世恩。

丹青匠：李木林、韓枝順。

泥水匠：喬有善。

木工：胡崇文。

石工：康占元。

玉工：□□□、□□□。

涉邑住持：馮九福。

中華民國八年己未仲秋上浣立石。

1018. 重修冰清池碑記

立石年代：民國八年（1919 年）
原石尺寸：高 70 厘米，寬 42 厘米
石存地點：晋中市左權縣遼陽鎮西河頭村

〔碑額〕：冰清池

自來池塘之築，大有益於民生也，而朝饗□□，□此水爲人生之所以□□□□。河頭村坡上舊有冰清池一圓，創至乾隆五十七年，迄今年久代遠，水池弗□，以致泥漿之浸。村人等不忍坐視傾廢，遂暢然舉□公議，重修於□。量力捐資，鳩功堤防。不日池固冰清，乃深喜其不爲小補矣。是爲序。

郡檢定教員常守正薰沐敬撰，郡前清儒學生員李秀□薰沐敬書。

王相晋施錢五千文，王四達施錢四千文，王銀柱、王日長、王濤各施錢三千文，王炳施錢二千五百文，王斗南、張□銀、高雁各施錢二千文，王□□施錢一千五百文，王金柱施錢一千五百文，王勵□施錢一千三百文，王瑛、王珍、張雲錦、王孝文、張興雲各施錢一千文，王于周施錢八百文，□臣□、□淳銀各施錢五百文，張雲□、常二小各施錢二百文，張三喜施錢一百文。

石工劉在、□□、張馬馬、□□□。

中華民國八年九月合村公立。

1019. 東中兩社重修水規碑記

立石年代：民國八年（1919 年）
原石尺寸：高 97 厘米，寬 41 厘米
石存地點：運城市永濟市虞鄉鎮風柏峪村

〔碑額〕：民國

東中兩社重修水規碑記

當聞事無警之於前，即無所懲之於後也。余兩社水分嚮由水主自由出典，或典於本社，或典於外社，聽其自便。奈程姓光緒年間典水出社，民國六年取贖，以致涉訟半載，結決斷歸本社。其後取贖東院兩角水分，又興詞訟，經年結決，斷歸本社。其後東衛兩角水又欲出社，復致興訟，又經數月，始行斷決，仍不准出社。合社社首因水累起糾葛，當堂懇祈縣長作主，即蒙堂示，新修水規，永不准典水出社。涉訟數次共花費銀伍拾肆兩捌錢。資財不足，按水分起銀貳兩。所以十叁分，公立水規，以杜後患。除告各水主咸知外，理合勒碑刻銘，永垂後世，以誌不朽。是爲記。

十三分嚴立禁規開列於後：

一禁止：若有人典水賣水者，永不准出社。

一禁止：若有人或典或賣者，總要當時估價，永不准由口便呼。

一禁止：若有奸狡之徒，別生异心，故意破壞水規。

一禁止：若有人不遵規者，□三分送縣重究，決不寬貸。

經理人：程廣福、趙玉林、張德煥、衛恒太、衛永平、樊喜榮、張萬恒、趙登成、張甲科、樊應承、張采芝、張生花、村副衛玉堂、閭長趙友諒、閭長楊富榮、地方趙友叙。

民國八年十二月中浣吉日立。

1020. 重修舊井記

立石年代：民國九年（1920年）

原石尺寸：高42厘米，寬67厘米

石存地點：運城市稷山縣化峪鎮南位村

重修舊井記

觀音堂前舊有盛水井一眼，已歷數十餘年，未曾重修，洞危水弱，不足本社之用。合社商議，先修其洞，後深其底。庶源泉混混而水旺矣。民國八年，本社起收錢四十餘串，盡其錢文，覓其匠師，急爲修理，將洞内危者堅之，缺者補之。修至井底，而西北有一沙孔，其中空虚，無法填塞，于是僅將井底稍爲控掘，另下新盤，而水較前多矣，而洞堅固無慮矣。日後只可修洞，不可下行，舊病難治也。事既藏，爰筆而誌之焉。

前清鄉飲介賓王天榜撰文，例授登仕郎薛梧書册。

今將施財人開列於後：

刘國炳錢四千五百文、工十日，薛口梧錢二千七百文、工六日，王天榜錢二千五百五十文、工五日，薛毓科錢二千四百文、工四日，彭天佑錢二千一百文、工四日，刘國楨錢一千八百文、工四日，牛全貴錢一千八百文、工四日，牛怀光錢一千六百五十文、工四日，彭天成錢一千五百文、工四日，何學賢錢一千五百文、工四日，刘國祥錢一千三百五十文、工三日，王順和錢一千三百五十文、工三日，彭興家錢一千二百文、工四日，牛丙寅錢一千零五十文、工三日，牛舍兒錢一千零五十文、工二日，王通順錢九百文、工三日，牛遇祥錢九百文、工三日，牛全正錢九百文、工三日，刘鶴鳴錢九百文、工三日，刘福成錢七百五十文、工二日，薛永祥錢七百五十文、工二日，王清江錢七百五十文、工二日，王金成錢七百五十文、工二日，王金柱錢七百五十文、工二日，薛永中錢六百文、工二日，牛全魁錢六百文、工二日，牛全盛錢六百文、工二日，牛金來錢六百文、工二日，牛金山錢四百五十文、工二日，薛三明錢四百五十文，薛毓寄錢三百文、工二日，刘轉運錢三百文、工二日，刘武全錢三百文。

南社助工：刘恭工一日，刘夫來工一日。

借水人：直隸王秉章錢九百文，左振海錢三百文。

共施錢四十一千二百五十文。

首事人：王清暄、刘國炳、彭天佑、何學賢、牛金山、薛梧、牛全盛。合社仝立。

民國九年花月口口。

1021. 重修龍王廟碑誌

立石年代：民國九年（1920 年）
原石尺寸：高 204 厘米，寬 80 厘米
石存地點：長治市黎城縣洪井鎮山窰頭村龍王廟

〔碑額〕：百世流芳

重修龍王庙碑誌

《詩》云："雍雍在宮，肅肅在庙。"而求其所以雍肅之故，非但以庙貌之巍峨，實因有神像之畏儼也。瑤頭村僻處山野，俗尚儉樸，自立村以來，雖亦有庙宇一處，然規模狹小，神像俱無，凡遇有春祈秋報、祭風禱雨之事，不過請神於鄰村，聊畢乃事。迎送往返之勞無論矣，而揆諸立社之本旨，不大有愧乎？民國四年范青雲、范如璋、范泰□、范□和等志欲革故，力圖鼎新，遂將殿宇廊廡，樂樓山門，經營劈〔擘〕畫，徹底重修。於是高其閒閣，大其規模，塑神像，施丹青。巨工既成，志犹不怠。庙之北又修戲房院一處，庙之東復修土地殿三楹。興工於民國四年，至七年而工始告竣。一生之精神，盡用於四年之間。統計所費，不下兩千餘緡。可見事在人爲，勿以村小而輕之也。自是厥後，物阜年豐，家結人足，興盛之景象，真有於萬斯年之兆。事成，求余爲之誌。余不文，僅就其事之實迹以誌不朽云爾。

前清恩貢候補儒學正堂范叔堅撰文，孔府金絲堂啓事官范占魁書丹。

維首：范滿女、范泰順、范叔堅、范青雲、范戊戌、范景泰、范金全、范占魁、范如璋、范如和、范世興、范鳳則、范起雲、范森炎、范景和。

瓦木匠：范天雲、王吉星、秦德堂。

石匠：苗和、梁二友。

風鑒：申廷錫。

丹青匠：韓枝順、康平章。

玉工：王金和、王銀和。

佃主管賬：□□□。

民國九年歲次庚申孟夏上浣穀旦勒石。

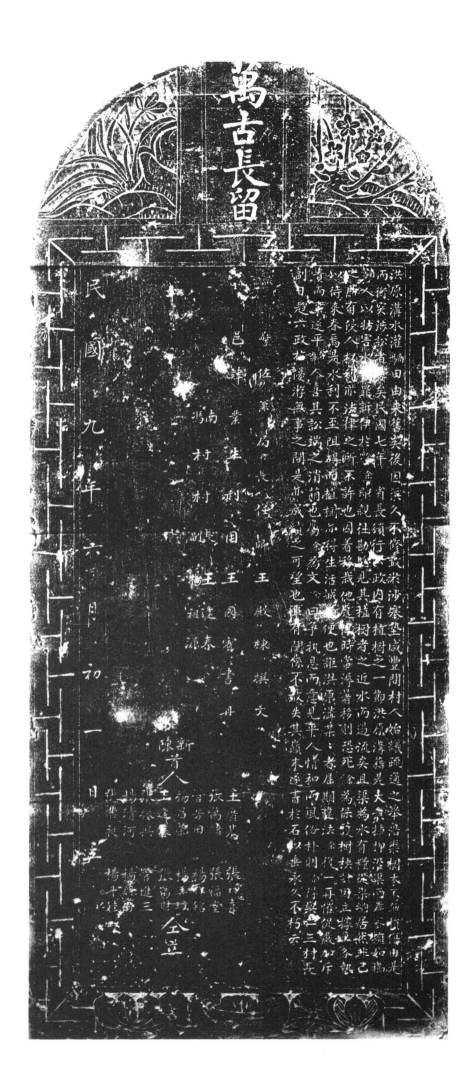

1022. 南馮村護渠碑

立石年代：民國九年（1920 年）
原石尺寸：高 100 厘米，寬 42 厘米
石存地點：運城市芮城縣南礙鎮南衛村

〔碑額〕：萬古長留

　　洪原溝水灌南馮田由來舊矣，後因渠久不修，致淤沙塞墊。咸豐間，村人始議疏通之舉，沿渠樹木不無損傷，由是而衝突涉訟者屢矣。民國七年，省長頒行大政，內有植樹之一節。洪原溝藉是大口插柳，沿渠兩岸密擁如櫛。南馮人以妨害水利罪訴伊於余。余即親往勘驗，見其植樹者之近水而遏流矣，且渠爲水有，糧從渠納，居然非己之所有，侵人權利，亦法律之所不許也。因着移栽他處，但時當溽暑，移則恐死。余爲保護樹秧計，因立據單各執，以待來春焉。是水利不至阻碍，而植樹亦得生活，誠兩便也。詎洪原溝某某者，屈期違法，余復一再催促，嚴加斥責，而事遂平。南馮人喜其訟端之消萌也，屬余爲文。余曰："爭執息而意見平，人情和而風俗朴，則余得與二三村長副，日趨六政，於優游無事之間，是亦成績之可望也。"事有關係，不敢失其巓末，遂書於石，以垂永久不朽云。

　　警佐兼局長任卿王殿棟撰文，邑肄業生刑用王國賓書丹。

　　南馮村村長王逢春，村副楊祖濂。

　　新陳首人：王廣基、張萬緒、管芳田、楊昌榮、王逢春、張振興、楊清河、張繼昶、張雙喜、張福堂、楊作銘、楊弄璋、張萬財、管進三、楊朋壽、楊斗娃，同立。

　　民國九年六月初一日立。

1023. 重修龍子祠記

立石年代：民國九年（1920 年）

原石尺寸：高 220 厘米，寬 86 厘米

石存地點：臨汾市堯都區金殿鎮龍祠村龍子祠

〔碑額〕：源遠

重修龍子祠記

庚申之歲，余讀《禮》家居，南八河渠長等來告余曰："今歲雨暘時若，五谷豐登，若非平水灌溉，焉能家給人足？推原其本，豈非我康澤王之流澤甚長哉！然神既降人多福，人亦宜答神庥，於是僉謀將龍子祠之西邊，凡隸南河者，莫不命工修葺。計廊房五間、牌樓一座、菜瓜神廟一座……自舊曆七月二十六日開工，至十一月八日告竣，共需費四百九十緡。請爲文以紀之。"余考《山海經》，孟門之山東南三百二十里曰平山，平水出於其上，潛於其下，即今之南北十六渠。是各有渠長，以董其事。光緒年間，上下游時有齟齬，下游實蒙其害。今歲，在事諸公視公事如家事，任勞任怨，上下一心，前嫌盡釋。是以多年不毛之田，今皆變而爲膏腴，人人有鼓腹之樂，家家有蓋藏之粟，雖云神之惠，然亦全賴諸君子之力。今又存崇德報功之心，而爲鳩工庀財之舉，將見神其降康，豐年穰穰，而上下游之人果能和睦親愛，長守此謙讓之風。蕭規曹守，豈非南八河之福歟！是爲記。

前清敕授文林郎陝西靖邊縣知縣壬寅補行庚子辛丑恩正并科舉人劉師亮撰文，四等嘉禾章衆議院議員劉棫編次，省立第六中學校畢業前任絳縣縣視學段汝昌書丹。

中華民國九年歲次庚申大陽月穀旦立。

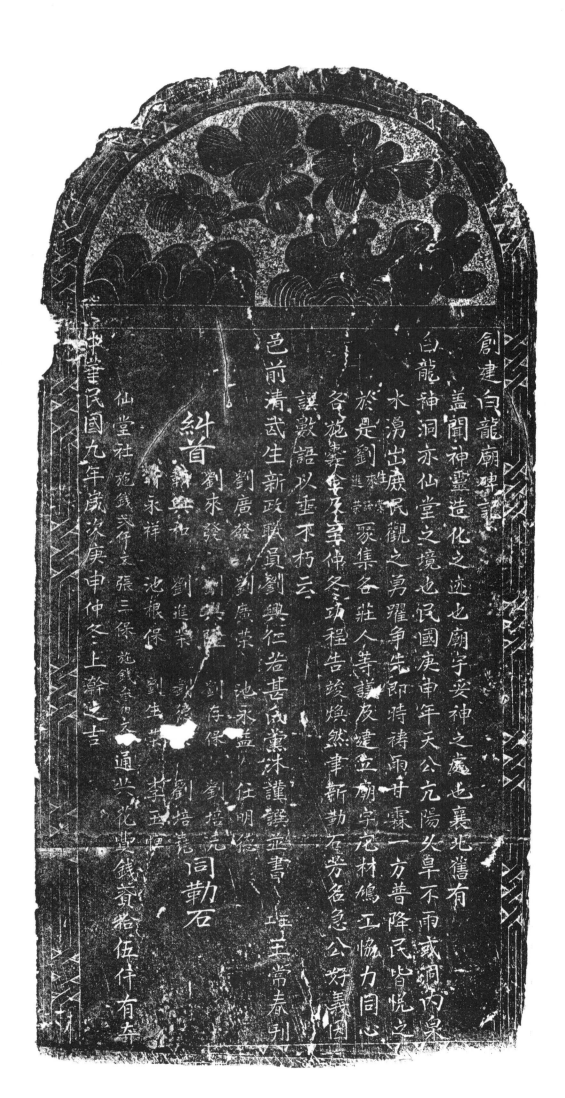

創建白龍廟碑記

盖聞神靈造化之迹也廟宇妥神之處也襄北舊有

白龍神洞永仙堂之境也民國庚申年天公亢陽火旱不雨威洞為泉

水漓出庶民觀之萬躍爭先即時祷雨甘霖一方普降民皆悦之

於是劉姓（進財崇業）聚集各莊人等謹庋建立廟宇花材鳩工協力同心

各施賽金（全承辛）伸冬項程告竣焕然聿新勤石勞名急公好義因

謹敷語以垂不朽云

邑前清武生新政聯員劉興仁若甚成黨沫謹選並書　王常春刊

仙堂社施錢發仵之張三保施錢叁佰壹文

本堂民國九年歲次庚申仲冬上幹之吉

科首
郭兵和　池永祥
劉來發　池根保　劉生禾
劉廣發　劉廣業　池承益　仕明德
劉以建　劉存保　劉培茂
劉德　劉培元

同勒石

通興花樓錢叢裕伍仟有奇

1024. 創建白龍廟碑記

立石年代：民國九年（1920 年）
原石尺寸：高 80 厘米，寬 40 厘米
石存地點：長治市襄垣縣仙堂山白龍廟

創建白龍廟碑記

　　蓋聞神靈，造化之迹也；廟宇，妥神之處也。襄北舊有白龍神洞，亦仙堂之境也。民國庚申年，天公亢陽，久旱不雨。或洞內泉水涌出，庶民觀之勇躍争先，即時祷雨，甘霖一方普降。民皆悦之。於是，劉生荣、劉來發、劉進荣聚集各莊人等議及建立廟宇，庀材鳩工，協力同心，各施囊金。及至仲冬，功程告竣，焕然聿新。勒石芳名，急公好義，因撰數語以垂不朽云。

　　邑前清武生新政職員劉興仁若甚氏薰沐謹撰并書。

　　糾首劉廣發、劉來發、靳興和、靳永祥、劉廣荣、劉興隆、劉進荣、池根保、池永益、劉存保、劉德、劉生荣、任明德、劉培元、劉培堯、李玉恒，同勒石。

　　仙堂社施錢貳仟文，張三保施錢叁佰文，通共花費錢貳拾伍仟有奇。

　　玉工王常春刊。

　　中華民國九年歲次庚申仲冬上瀚之吉。

自古銘珉勒石興舉朽者非修補橋梁
□□建寺廟若僅葺一井何以
不得不銘識者有二大原因舊井水
界敷用早欲另鑿奈魚資助不開工幷
有井上柳樹一株賣錢壹拾八串始得開
土此不得不記者一也至於新井地点界
限南北東俱至道西至墻外根舊井地点
今已填平成為平坦培養樹木但新開台
上已成樹者現有五株兩處合計拾株不
下拾株以外此樹成材後許修井
觀音堂所用此不得不記者二也大池水
口西邊有舊井一處南至池北至道
棄西兩尖許余本才疏學淺不能為文僅
必俚言以誌不忘云尔

劉金勝
社首王松安
郭江城
中華民國拾年二月二十九日　五石

1025. 开鑿新井珉

立石年代：民國十年（1921 年）

原石尺寸：高 48 厘米，寬 66 厘米

石存地點：長治市黎城縣東陽關鎮東黃須村觀音閣

開鑿新井珉

自古銘珉勒石冀垂不朽者，非修補橋梁，即創建寺庙，若僅鑿一井，何以記焉？然而有不得不銘珉者，有二大原因。舊井頹坏，水不敷用，早欲另鑿，奈無資助，不□開工。幸有井上柳樹一株，賣錢壹拾八串，始得開工。此不得不記者一也。至於新井地点界限，南、北、東俱至道，西至墙外根。舊井地点，今已填平，成爲平坦，培養樹木，但新井台止已成樹者現有五株。兩處合計樹株不下拾株以外，此樹成材後，許修井、觀音堂所用。此不得不記者二也。大池水口西边有舊井地点一處，南至池，北至道，東西兩丈許。余本才疏學淺，不能爲文，僅以俚言以誌不忘云尓。

井龍社首：刘全勝、王松安、郭江城。

中華民國拾年二月二十九日立石。

1026. 重修石橋碑記

立石年代：民國十年（1921年）

原石尺寸：高63厘米，寬255厘米

石存地點：晋中市壽陽縣平舒鄉上峪村

重修石橋碑記

橋也者，所以通車馬、利行人也。無則新建，有則重修，此理之所固然者也。況此橋名曰乾亨，爲西鄉往來孔道，北河架水津梁，創自有明嘉靖一十四年，善士王聰之手。復於前清道光八年又經修葺，迄於今已百有餘年矣。橋路日見其損壞，石欄復見其傾頹。使不早爲之補修，不將致前人所建之功，與後人重修之力，湮没不彰，前功并弃乎？歲在庚申，村人共議修理，因而量力捐資、鳩工、聚石，至辛酉二月中旬動工，越兩月而工程告竣。將見車馬不患傾側，而行人咸占利濟矣。孰意工程繁浩，經費不給，又按粮均攤，共襄盛舉。今謹將一切出入花費、樂善好施之人，勒爲碑銘，以誌不忘云。

邑人增生閻善長撰文，邑人業儒祁道南書丹。

經理：祁錫邑、張之晋、趙集、閻汝盛。

李家塔社施銀六兩。米家莊社施銀六兩。寺莊社施銀五兩。放馬溝社施銀五兩。石人溝社施銀四兩。田家溝社施銀二兩。萬億茂施銀二兩。聚成永施銀四兩。永積盛施銀三兩。聚和永施銀三兩。聚勝速施銀二兩。利泉涌施銀一兩五錢。廣聚隆、復慎遠、聚森長、德慶長、天錦堂、永逢厚、天德堂、萬有森、德聚成、源盛長，以上各施銀一兩。趙盤施銀二兩。祁錫疇施銀十五兩。王春壽施銀二兩。祁康晋施銀三十兩。閻正齋施銀二兩。祁錫邑施銀二兩。李迎春施銀二兩。祁迎福施銀三兩。王兆椿施銀二兩。祁壁南施銀二十兩。閻致祚施銀二兩。祁壽南施銀四十兩。祁葆元施銀五十兩。閻汝茂施銀一兩五錢、王履豫施銀一兩五錢、范生金施銀一兩五錢、趙坦然施銀一兩五錢、王映蘭施銀一兩五錢、王效祥施銀一兩五錢、王述祥施銀一兩五錢。王崇德、劉喜成各施銀一兩三錢。王俊士、王保正、張椿森、閻海、王福銀、王喜平、王德昌、王克寬、王春珠、王永富、王汝吉、王汝貞、王建極、王信之、王德茂、王崇實，以上各施銀一兩。張之晋施銀二兩。趙集施銀六兩。王聿修施銀四兩。趙聚齡施銀三兩。張椿錦施銀二十兩。李補忠施銀十兩。趙世勛施銀二兩。李諧芝施銀二兩。王文光施銀三兩。王俊月施銀一兩五錢。閻善長施銀一兩。王永壽施銀三兩。祁開謨施銀一兩、張鳳翔施銀一兩、祁開國施銀一兩、閻登高施銀一兩、張之元施銀一兩、閻雨田施銀一兩、王宏魁施銀一兩、王禮施銀一兩、趙聚恒施銀一兩、王希榮施銀一兩、閻大昇施銀一兩。王春榮、王錦五、王夢福、王慶、趙運齡、趙正修、趙玉、趙逢恒、趙同齡、趙達才、閻永治、閻硯田、閻致貴、閻立德、閻崇基、閻成光、閻度春、閻登先、閻致興、李義瑞、李春梅、祁錫鹵、永來森、祁錫來、李建恒、張之圖、張春吉、張春玉、李興忠、張汝楣、張之屏、張德勝、傅加威、張拱星、王春華、王守恭，以上各施銀一兩。羊行王希屏施銀四兩、王宏魁施銀四兩、王德祥施銀四兩、米崇萬施銀四兩、米潤富施銀四兩。以上一百二十五柱共收來布施銀三百七十八兩六錢。村中按粮攤銀八十兩零八錢一分八厘。出一宗石匠工銀一百五十五兩四錢。出一宗木匠工銀五十兩零一錢。出一宗石頭銀八十二兩一錢七分三厘。出一宗石灰銀二十六兩零四錢二分。出一宗拉石頭脚銀五十四兩八錢八分三厘。出一宗車工人工銀三十九兩六錢五分。出一宗字板刻碑工銀二十五兩。出一宗萬億茂貨銀一十九兩四錢一分。出一宗雜貨銀六兩七錢五分。以上九宗共出銀四百五十九兩四錢一分八厘。

鐵筆：李志和。石匠：閻玉堂。

民國十年歲次辛酉五月上浣穀旦。

为合立碑记以免争端事缘北玉中村与下庄村地界既连十余和睦
惟同一村因此会商於民国九年□月合并延安归一社□事以□
费而便办公经前村长呈报立案於十年二月间上□年越为收灾成□
减色不敷食用散敛募以资拯极资旅西两村各业各款起□
项此较相差甚钜村人多数皆不赞成遂求各归各业各款起□
据以昭公允而置之产再积之款均属公共权利及有何义务均□
尹端村长副会同两村闾长及人民从中竭力维持主张公道再议□
以前旧有各归所有如合并以后陈将微列旧有款目虽有多寡□
商议定所有旧有之地财产仓谷树株一切物件等项均列於合并□
各归各有外如再置之产积之款均属公共权利及有何义务均□
日久争端须复起将此碑志以示证明□
兹将两村旧有各产各款分别开列於左
下庄村旧有龙王庙一处　牛王庙二处　下唐院一处　桃园下梁□
水地三亩三段　沙沟只下梁水地二亩一段　后唐沟上梁水地二□
大小四段地垛水地三亩大小三段　蓝西水地二亩五分三段□
亩大小四段沟前旱地一垧　两庙东旱地二垧大小七段　石桥桥□
温家岭旱地一垧　沟西场二坦　雏眼堂款　积谷堂款　公义堂□
上梁口旱地一垧
款□
北玉中村旧有玉皇庙一处　水地四亩大小三段　旱地八亩大□
四段　河神庙一所　文昌阁一所　老君□
庙一所道北铺房院一处　道东史房谷二间　道南水地半亩□
碑禁东水地二亩典到社益一亩东房二间　文昌阁款□
款石工款
所有龙王庙及女学校如有工程公同负担其余各庙另为等商两村□
朝内地内所植树株临地各归各有沟渠河道树林均属於公□
伴各立背眠合并附诗□
一村　前村长段绍曾
一村　副段绍京
村　副张瑞庭
村　副段迟昶
一间　副联学彩□
一公社经理郭长亮
一公社经理张步蟾
长段本质
长段欣田
长张步彩
会长李恩诏

民国卄年七月　延安村公立

1027. 北王中村與下莊村分割財産碑記

立石年代：民國十年（1921 年）

原石尺寸：高 48 厘米，寬 73 厘米

石存地點：晋中市靈石縣翠峰鎮北王中村

爲合立碑記以免争端事。緣北王中村與下莊村地界毗連，村人和睦，情同一村。因此會商，於民國九年一月合併延安，歸一社辦事，以省經費而便辦公。經前村長呈報立案，於十年二月，因上年旱魃爲灾，收成減色，不敷食用，散放倉穀以資拯救極貧。旋因兩村土地、財産、倉谷等項比較，相差甚巨，村人多數皆不贊成。邀求各歸各業，各放各倉，致起争端。村長、副會同兩村閭長及人民從中竭力維持，主張公道，再四磋商議定：所有兩村舊有土地、財産、倉谷、樹株，一切物件等項，均於合併。以前舊有者仍各歸所有，合併以後除將後列舊有款目積存多寡仍各歸有外，如再置之産、再積之款，均屬公共權利。及有何義務共同負擔，以昭公允而歸劃一。至於掏渠灌溉，仍照舊規，公同表决。恐年深日久，争端復起，特此碑誌，以示證明。

兹將兩村舊有各産各款分別開列於左：

下莊村舊有龍王廟一處，牛王廟一處，下處院一處，桃園下渠水地三畝二段，沙溝只下渠水地二畝一段，石層溝上渠水地二畝大小四段，圪垛水地三畝大小三段，溝西水地一畝五分二段，温家嶺旱地一垧，溝前旱地一垧，兩廟東西旱地二垧大小七段，上渠口旱地一垧，溝西場二塊。繼賑堂款、積公堂款、石橋橋款。

北王中舊有玉皇廟一處，水地四畝大小三段，旱地八畝大小四段，以上三村係公。河神廟一所，文昌閣一所，關帝樓一所，老君廟一所，道北鋪房院一處，道東西更房各二間，道南水地半畝，碑樓東水地二畝，典到社窰一孔，東房二間。文昌閣款、公議堂款、石堰工款。

所有龍王廟及女學校如有工程，公同負擔，其餘各廟另爲籌商。兩村廟内、地内所植樹株隨地各歸各有，溝渠河道樹株均屬於公，傢俱等件各立有帳爲憑，合併附誌。

前村長段紹曾、前村副張瑞庭、村副段恩昶、村長段紹京、村副耿學彬。

公社經理張步蟾、公社經理郭長亮、閭長段啓田、閭長段本慶、閭長李恩詔、閭長張步鰲。

民國十年七月延安村公立。

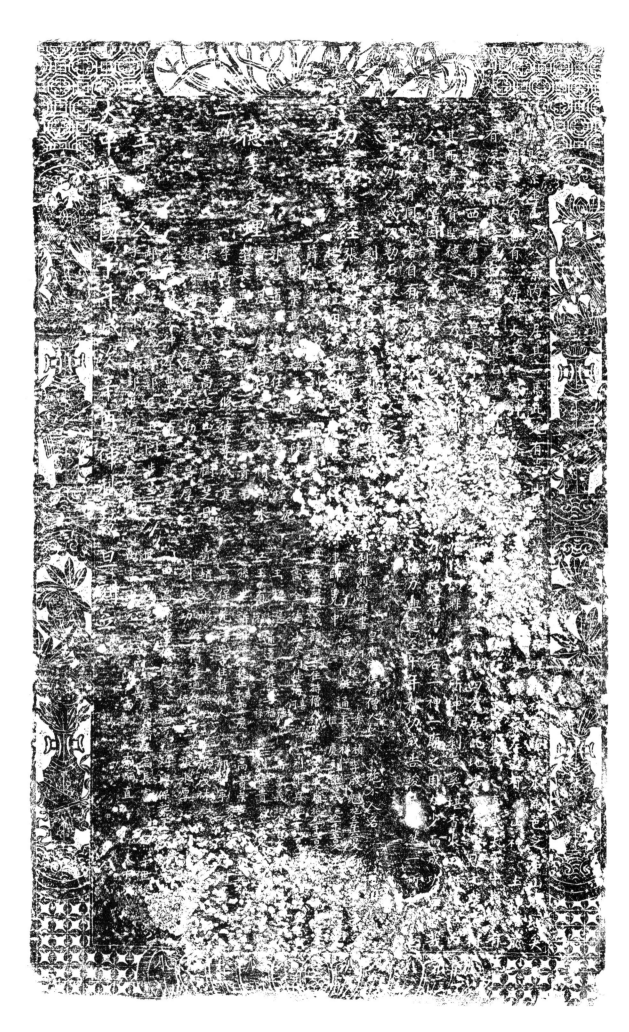

1028. 重修浮濟廟碑記

立石年代：民國十年（1921 年）

原石尺寸：高 120 厘米，寬 69 厘米

石存地點：呂梁市臨縣城關鎮甘草溝村浮濟廟

臨縣紫金山，誠八景內而居其一焉。此地有崇山峻嶺，茂林□□，□□嵯□，祥雲繚繞，本為邑之名山□地矣。此廟正殿內舊有浮濟大王、風神、水母……神娘娘，左邊有山神、土神，前有深窟無底者，名曰□□。右邊石壁有北……舊有真武大帝，中嶺□有三教佛殿，西嶺舊有玉皇大帝……顯靈，威鎮四方。居此地者，咸得神恩之□，□□其雨者，共賀聖德之感靈，乃……非栖神之所。神像剝落，奚堪香火□□？□□內人目擊心傷，因會眾公議重修。……功程浩蕩，豈若一神一廟之用力少，而成功□□哉。初不知有同心者，自有同人□。民國九年春，□□三人協力興建，至十年秋，功成告竣，已□然一新，是□□資眾力以成功。勒石數□，以誌不忘人之全□□□□。

劉繼烈敬撰書。

功德主：李保全、李全德、李裕後。

經理人：劉澄文、張仲新、楊守禮、薛生堂、霍樹榮、郭善道、曹承恩、李長興、李萬福、張尚祿、張玉福、霍茂林、郝步花、呼成林、楊□河、曹慶善、胡保先、高茂林、曹鳳瑞、李慶德、趙慶餘、高永敦、胡秉益、武樹棠、李逢春、李仲厚、張成謙、郝□祥、郭桂□、李枝生、劉世□、劉承龍、王富三、任煥文、任文耀、薛登元、呂修德、高廷山、曹大勤、曹大有、郭進玉、郝世福、趙□孝、賈錦□、□進偉、曹登士、陳□滿、樊榮煌、秦積榮、高貴榮、李成寔、霍樹芝、李昌厚、李敦厚、閭步□、曹慶春。

河津師克中。

皇宿寺住持僧人海旺，門徒通樂、通玉、通愷、善禎、善祥、善慶。觀音寺住持僧人法沴，門徒海喜、海河；通達，侄徒善德、善福、善祿；□旺，侄徒正喜、正貴、聖慶。福興寺住持僧人海瑞，門徒通照、通保、通悟。重修僧人通成，門侄善雲，門徒□來，門徒善雨。

施錢人名：李成魁施錢二千六百文，劉繼茂施錢一千六百文，李成虛施錢一千三百文，高富義施錢六百文，劉繼貴施錢六百文，高貴榮、郝茹寧施錢二千六百文，張茂林、張永厚、劉興保、高長富、李炳直施錢一千二百文……

泥工：張海義、高全德、王招選。木工：王有福、孫世訴、高保元。丹青：趙文彬、劉有功、田高鎖。瓦匠：高成呆。堪輿：高中元。

大中華民國十年歲次辛酉仲秋穀旦刻立。

重修龍子祠創建南馬房記

平水之下有龍子祠焉殿宇雄偉亭閣清幽平水至此釀而為南北合八河臨襄兩邑畝畝敢資以灌
溉人民之沾其潤蒙其麻者無慮數千家以故歲時致祭圃散或斯有功德於民者則祀之理固然
也戰辛酉春兩邑渠首詣廟祀神見夫廟內廟外傾圮頗多而釀金重修之議以起嗣經詢謀僉
同康澤王殿眷引逆大門二門暨廟前清音亭歸十六河同修新建南馬房西間並小門二則屬諸
南八河也工始於春三月竣於秋八月由是內外整而氣象一新厥足以壯觀瞻而敬事
神靈矣工既竣首事諸人求余記其事余南河人也重遷蔡梓父老之請不敢以固陋辭爰述其顛
末而為之記以示不忘云爾

中華民國十年歲次辛酉仲冬月吉立

二等教育獎章山西優級師範選科畢業舉人張尚志撰文

省立第六師一範學校教務一主任雷松秀編次

傳一令嘉獎一山西行政研究一完員蔣九齡書丹

生員前襄陵縣文議由師

前所立員畢業邑庠

畢業員所

1029. 重修龍子祠創建南馬房記

立石年代：民國十年（1921 年）

原石尺寸：高 225 厘米，寬 86 厘米

石存地點：臨汾市堯都區金殿鎮龍祠村龍子祠

重修龍子祠創建南馬房記

平水之下有龍子祠焉，殿宇雄偉，亭閣清幽。平水至此醲而爲南北各八河，臨、襄兩邑田畝資以灌溉，人民之沾其潤、蒙其庥者，無慮數千家。以故，歲時致祭，罔敢或懈。有功德於民者則祀之，理固然也。歲辛酉春，兩邑渠首詣廟祀神，見夫廟内廟外傾圮頗多，而釀金重修之議以起，嗣經詢謀僉同。康澤王殿脊、引道、大門、二門，暨廟前清音亭，歸十六河同修。新建南馬房四間，并小門一，則屬諸南八河也。工始於春三月，竣於秋八月。由是内外整而氣象一新，庶足以壯觀瞻而妥神靈矣。工既竣，首事諸人求余記其事。余南河人也，重違桑梓父老之請，不敢以固陋辭。爰述其顛末而爲之記，以示不忘云爾。

二等教育獎章山西優級師範選科畢業舉人省立第六師範學校教務主任張尚志撰文。

傳令嘉獎山西行政研究所畢業前稷山縣宣講員雷松秀編次。

前襄陵縣議會議員邑庠生員由師範講習所畢業蔣九齡書丹。

中華民國十年歲次辛酉仲冬月吉立。

1030. 訴訟判決文

立石年代：民國十年（1921 年）
原石尺寸：高 209 厘米，寬 76 厘米
石存地點：運城市夏縣瑤峰鎮陳村

〔碑額〕：碑記

大理院民事判決十年上字第一六零三號判決

上告人李春華，年四十六歲，山西夏縣人，住高升棧，現充村長。

被上告人衛向榮，年四十八歲，住陳村，業農，餘同上。

衛會元，年四十四歲，餘同上。

衛進財，年未詳，餘同上。

右上告人對於中華民國九年十二月十七日山西第一高等審判分廳就上告人與被上告人等因水利涉訟一案所爲第二審判決聲明上告，經本院審理判決如左：

主文：

本案上告駁回，上告審訟費由上告人負担。

理由：按確定判決有拘束兩造當事人及審判衙門之效力，非有合法再審原因自不得任意翻异。本案上告人代表李家坪與被上告三村爲爭用橫洛渠水涉訟，曾於民國五年五月二十八日經第一審夏縣知事判，令水利應歸公用，李家坪不得自私所控，應毋庸再議。次日復命兩造具結，略稱衛引存等三村地畝理應用橫洛渠河水澆灌，若雨大河水有多時再着王發祥等澆灌地畝，小的等允服公斷，所具甘結是實等語。嗣後兩造均未聲明不服，歷年相安無异，自屬早經確定。乃上告人於民國九年七月間復以破壞成渠霸奪水利等情，對被上告人等提起訴訟，顯係任意翻异第一審，率爲違反確定判決之裁判，於法自屬不合，原審予以糾正即不得謂非允。當兹上告論旨對于確定判決之內容復加爭執，謂該確定判決係判令李家坪澆過外餘水歸入伊渠云云，不知原卷具在堂判，甘結具如上述，豈容空言狡爭。查該堂判內所謂水利應歸公用，李家坪不得自私等語，非絕對禁止李家坪不得用水，乃謂李家坪用水須在不妨害被上告人等三村水利之範圍，以爲正當之利用。參以甘結內所載，若雨大河水有多時再着王發祥等灌澆地畝等語，亦係謂李家坪如欲堵截其水獨澆地畝，則非待下流之水已經足用時不可，上告人對於此等辦法當時既已遵服，自不能復滋异議。至被上告人等主張之碑文及水粮各節係關於實體上爭執，存無理由□□□方法，今上告人之上告，既據訴訟法規即應駁回，則其就碑文水粮各節所爲之攻擊自應不予置議。依以上論結，本案上告應即駁回；上告審訟費依本院訟費則例應由上告人負担；再本案核與本院現行書面審理之事例甘符，故即以書面審理行之。特爲判決如右。

審判長推事胡詒穀，推事張康培，推事劉鍾英，推事徐觀，推事張秉運，大理院書記官徐敬。

本件證明與原本無异。

中華民國十年十二月十日北京大理院民事第四庭。

1031. 創建三官廟碑記

立石年代：民國十一年（1922 年）
原石尺寸：高 137 厘米，寬 72 厘米
石存地點：晉中市太谷區小白鄉西爐村三官廟

創建三官廟碑記

世人奉祀三官由來久矣！非以其功足及物，德在美名，而人曰戴之、履之、飲食之，固不可狎而玩之也乎！聖人恐人之忘所本也，爰□五行有官之意，分列天官、地官、水官，俾大千世界咸廟祀而時享之。蓋遠者近之，親者尊之之意。□一曰紫薇，大□總主諸天，帝王參羅萬象；一曰清虛大帝，總主五嶽九土、八極四維；一曰洞陰大帝，總主九江四瀆、五湖百川。每至正月上元日，將人間善惡分別錄奏，報應不爽。況乎始萬物、生萬物、潤萬物，權胥在握。其神功之布濩爲何如耶？谷邑西盧村，祠宇略備，惟三官廟缺，如村人久有是心，奈工繁費重，有志未遂。今歲募諸四方，共襄盛舉。五月庀材興工，於本村之正北創建……三楹，耳廳一間，山門一間。經理人竭力經營，數月工竣。時東北舊有龍王廟，年久風雨剝蝕。乃乘此動工之際一并……者補之，損者修之。不數日，而殿宇亦壯麗矣！是舉也，天地得其位而萬物育，雨水及時降而百姓安。斯廟之設，非徒爲□施也，里中人當懍然於生成飲食之，各有本焉。余樂諸公之急公好義，盡心修建如此，故謹爲之記。

清光禄寺署正銜前平遥縣儒學教諭喬世温薰沐敬撰，清中書科中書銜附貢生喬長齡沐手書丹。

發起人：暢萬连、李九齡。

總經理人：暢茂璵、李希陶、暢萬楨、暢萬來、暢茂銀。

經理人：李偉樹、暢居宇、暢居統、暢萬傳、暢茂棟、暢茂順、暢茂居、暢茂賡、暢廣宥、暢茂曇、程永海。

中華民國十一年歲次壬戌，舊曆三月上旬。

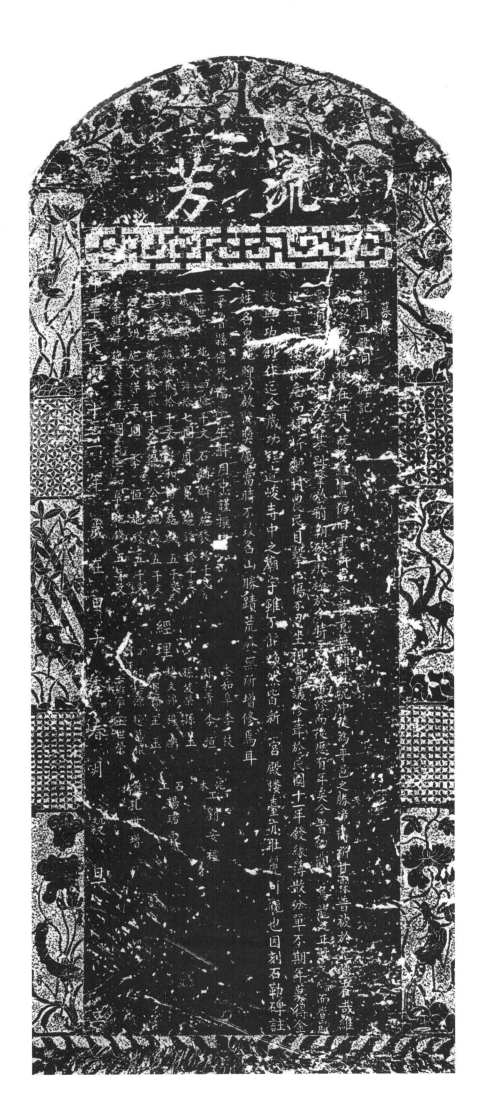

1032. 募修烏龍洞正殿洞樓碑記

立石年代：民國十一年（1922 年）
原石尺寸：高 153 厘米，寬 64 厘米
石存地點：朔州市平魯區阻虎鄉烏龍洞

〔碑額〕：流芳

募修烏龍洞正殿洞楼碑記

伏以高殿危楼，在昔人既多經畫，仍旧重新，豈今茲竟無補茸，况中陵爲平邑之勝境，禱祈甘霖，普被於无疆者哉。維靈洞之□祠由來久矣，基址肇於前朝，破廢極於今時，至前清重修，而後歷有年矣。今者仰觀烏龍之正殿，瓦解而脊崩，視乎洞楼，槟危而棟折。鄰村農民目擊心傷，不忍坐視，會議修茸。於民國十一年發緣簿，散分單，不期年募得金数，興功創作。迄今歲，功程造峻〔竣〕，寺中之廟宇，雖不能焕然皆新，宮殿楼臺亦壯麗可觀也。因刻石勒碑，注姓民衆施，聊以啓後，獎勵當時，不致名山勝迹，荒廢無所增修焉耳。

平魯縣信教儒學生解用中謹撰。

王世□施錢四拾千文，孫□施大洋拾七圓，趙文□施錢貳拾千文，王□吉施錢拾貳千文，□□功施大洋五圓，李維屏施大洋五圓，石猶麟施錢拾千文，周冕施錢拾千文，□和□施錢五千文，梁公施錢五千文，李恒施錢五千文，李知阜施錢五千文。

經理：李如阜、孫長青、孫□榮、趙文錦、高運□、楊□源、□維□、李枝、李恒、孫玉、穆鵬、王玉、趙萬銀、王世榮。

泥工、木工：劉安禮。石工：楊瑞霖。住持：孔世增。

中華民國十一年歲在甲子季春月穀旦立。

永垂不朽

青龍廟碑記

1033. 改修青龍廟碑記

立石年代：民國十一年（1922年）
原石尺寸：高 161 厘米，寬 53 厘米
石存地點：晋中市和順縣李陽鎮馬卷溝村

〔碑額〕：永垂記
改修青龍廟碑記

自古山不在高，有神則名；水不在深，有龍則靈。縣北三十里，地名車道溝，雙峰夾溪，半峰建青龍廟一座，溪下龍潭一源，碑殘珉落，不知創自何朝。但聞父老傳言，當初沙谷□有□公太平者，幼貧牧畜，晝寢斯地，夢神告曰："爾見二羊相觸，則云'黃龍黃龍你休争，只是青龍一座坑'。"霎時驚醒，果見二羊相觸，即照神語而言之。但見一羊入潭，一羊騰空。此青龍潭之傳說若是也。以後每逢大旱，禱雨必應。是所謂能禦大灾，能捍大患，祀之宜切切也。多歷年所，廟貌傾頹。且規模狹隘，似不堪栖神灵而壯觀瞻焉。里人久欲興工，奈村小資絀，獨力難支。今春馬圈溝杜君德富，備酌會茶，公義改修。一倡而衆人即和。當時三村公推馮君盛、祁君金禄、張君潤來、祁君世榮、馮君永、祁君育生、謝君得元、杜君茂、張君裕恭十人竭力勸捐，三村共捐錢貳佰餘緡。改建耳窑二座，面插飛栱一蓬。乃功蕩資絀，仍是制〔掣〕肘。又鄰村募緣，獲錢八九十千，共襄盛舉；勒珉誌盛。村人命余文。余不敏，不敢謂文，不過叙其事之始末云。

遜清奉政大夫第三屆清查財政委員實業中等修路雙穗獎章北段長鳳山氏李鳴暢薰沐敬撰、丹書并篆額。

糾首：

馬圈溝：武生謝得元施錢柒千文、張潤來施錢捌千文，祁全禄施錢壹拾貳千文。

沙谷它：馮永施錢壹拾貳千文、馮盛施錢壹拾貳千文、杜德富施錢陸千五佰文、祁育生施錢玖千文。

鳳凰廟：祁世榮施錢伍千伍佰文、張裕恭施錢伍千貳百文、杜茂施錢叁千叁百文。

民國六年，里人見牛羊踐履，目睹心寒，當下馮金、張裕信、呂滿倉、馮永、杜德富五家各施坡一段，四面石界，禁止牧養，以保斯廟官產。

泥匠、鐵筆匠杜春錦。木匠柳忠義。丹青楊俊傑。

大中華民國十一年歲次壬戌清和月穀旦立。

1034. 爭水訴訟民事判決書

立石年代：民國十一年（1922年）

原石尺寸：高39厘米，寬82厘米

石存地點：運城市河津市僧樓鎮北方平村

河津縣知事公署□□堂判，民字一三二號

原告人：李天心，年三十一歲，本縣樓底人，儒二十五里；李德懋，年三十三歲，同前；李天福，年四十四歲，同前□。

被告人：蔡際春，年六十三歲，本□方平人，農二十五里；原金玉，年四十四歲，同前；張天佑。

右原被告因渠堰案，本縣審理堂判如左：

訊得此案樓底村與方平村因渠堰糾葛案，經黃前任於民國三年判決，復經本知事於十年十月決□在案，嗣由該兩造控訴至山西第一高等審判分廳決定，將原決定撤銷後，據該原告另案起訴，前來并請求賠賞〔償〕去年八月方平人拌壞渠堰之損害暨堤□渠口堤身之寬度等情。查拌壞該原告渠堰，業經本知事於去年十月九日牌示刑事堂判，內附帶判令方平村賠賞〔償〕築堰工本洋四十元。并查閱該原告捏案抄本，又經控訴審刑事判決，內附帶將請求□判賠賞〔償〕太少部分駁回，自應毋庸置議。至于渠堰□葛，應仍依民國三年判決，判令自當日方平村挖□澗底之處，起迤南四十步外，爲樓底村丙字渠口□□堰之点，准由樓底村豎立界石，從事修渠土工石工，□無不可。惟丙字渠口底寬不得過二步半，堤堰身□不得過二步，以示限制。自當日挖深澗底之處起，迤南□樓底村丙字渠口，與師家渠口斜對之際，准由方平村將南下大澗之底，與丙字渠口一□鋪平，任水□流，以□濁水。古規每年定于清明節前，由該兩村□自修浚一次，工竣，呈請官廳派員驗工。本年及將□水後臨時修治，亦照此辦法，總以澗底與渠口鋪□爲度。庶幾古規成案，永各遵守，即兩村水利無不均□矣。□費各自負担。

此判。

民國十一年五月三十一日判決，民國十一年六月七日牌示。

縣知事蔡光輝（印），承審員連承武（印）。

重修昭泽王庙募缘碑叙

大中華民國十一年歲次壬戌孟秋月上浣穀旦

1035. 重修昭澤王廟募緣碑叙

立石年代：民國十一年（1922 年）
原石尺寸：高 208 厘米，寬 70 厘米
石存地點：長治市襄垣縣古韓鎮南田漳村昭澤王廟

〔碑額〕：昭澤王廟記

重修昭澤王廟募緣碑叙

且夫社會之振興關於人才之制作，而廟宇之建造亦猶氣運之轉移也。晋襄城西十五里曰田漳鎮，舊有護國靈感康惠昭澤王廟，建創不知何時。稽其牌匾、考其年曆，有大元國重修之匾額焉，有明及清重修之碑記焉。村人祈福禳灾、祭風禱雨咸集於此。誠勝地也！奈廟貌爲風雨摧殘，殿宇緣霜雪傾圮，非特無以壯神威，亦且難以護聖趾也。於是村人目睹頹毀，於民國七年集父老而咸議興工焉。當集社穀四十餘石，□爲食用之資。至八年春，於村中選總理十人，監工、管事、幫伴、走社數十人。其花費俱由值年香首按畝均攤，尚有樂輸殷户，鳩工庀材，共勸勝舉。先修正殿三楹，东西配殿各三楹。改修樂樓三楹，兩邊耳樓各三間，重門兩道，東西耳房各兩間，東西廊房各五間，外院□西社房、大山門、東山門、龍駒馬殿、南社房、關聖閣與東邊騾屋院北房、東厦棚、南房連厦棚、大門、西厨房。廟西南石砌衛墻、石□，無不修理整齊焉。金妝聖像，彩畫殿廊，樂樓、大門、關聖閣無不燦爛輝煌焉。斯役也，自八年興工，至十年工成告竣。於是，高搭□□，正臺献戲五朝，配臺献戲三朝，鼓樂迎廳，開展神光矣。爰舉修理、彩畫、献戲、開光，一切花費錢六千串有奇。今欲勒諸碑銘，著之金□，以叙衆善之資，以爲樂善之助。村中總理何公廣化等請序於余。余不敏，愧不能文，又不敢辭其責，遂不禁有感而言曰："狐腋雖小，集□可以成裘；河水雖微，聚之可以成海。而兹之勸施村閭兼商賈者亦猶是也。夫誰謂一木能支大厦，而衆志不可成城也歟？"

特授修職郎候銓儒學教諭庚戌年恩貢焕章李增榮熏〔薰〕沐敬撰，前清户科吏員兼充禮科□承映樞何廣化熏〔薰〕沐篆額，文曆張宏鑒熏〔薰〕沐書丹。

四矚總理：李增榮、何廣化、張宏鑒、張永增、劉海昌、何廣正、倪辛富、李映塘、張攀産、高永珠、□□海、倪加善。

走社：高儒霖、張合義、何虎保、倪嘉發、李振儉、李振良、高泉忠、倪顯銀。木匠李康，鐵匠高毓鍾，油匠李聚成、李二成，石匠連金貴。住持李劉慶、向三元、郝秋山、趙志學、康西方。

大中華民國十一年歲次壬戌孟秋月上浣穀旦。

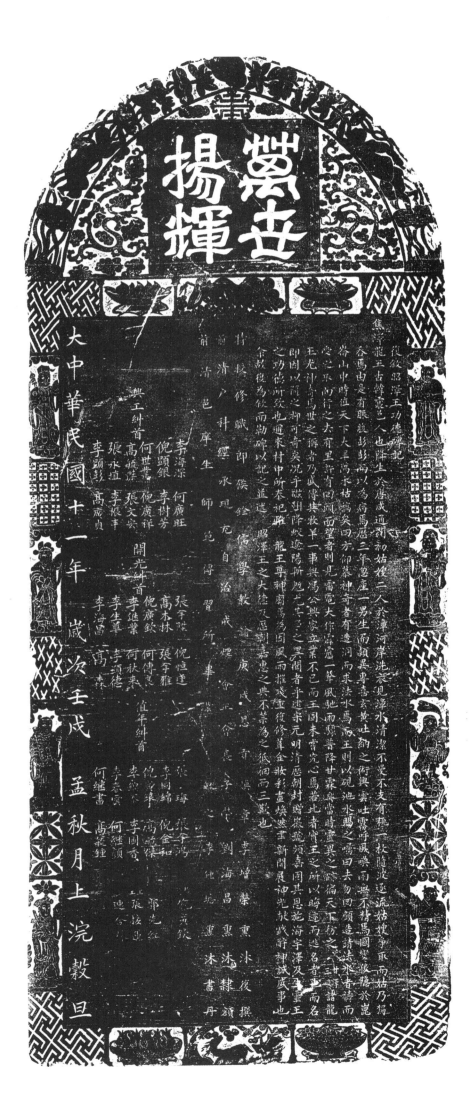

1036. 復叙昭澤王功德碑記

立石年代：民國十一年（1922年）

原石尺寸：高213厘米，寬70厘米

石存地點：長治市襄垣縣古韓鎮南田漳村昭澤王廟

〔碑額〕：萬世揚輝

復叙昭澤王功德碑記

焦澤龍王，古韓襄邑人也，降生於唐咸通間。初，姑嫂二人於漳河岸洗衣，見漳水清潔，不曼不支，有桃一枚隨波逐流。姑嫂爭取，而姑乃獨吞焉，由是有脹腹彭彭而以爲病焉。歷三年，忽產一男，生而穎异，專喜玄黃吐納之術，興雲吐霧、呼風喚雨，無不精焉。國變後，隐於昆侖山中。時值天下大旱，萬禾枯槁矣。四方仰慕神奇者，有造洞而求法水焉。而王則以硯池水賜之，囑曰：去勿回顧。造請法水者禱而受之，取而行之。去有里許，有回頭而望者，則見雷電大作，霹靂一聲，風馳雨驟，普降甘霖矣。當時，靈异之迹遍天下，仿之甘澤、三峻諸龍王，尤神奇焉。世之稱者，乃盛傳其牧羊一事與馮公興家立業不已，而王固未嘗究心焉。若此者，實王之所以晦迹而逃名者也，而名即因以隨之。抑可奇矣！况乎磁州降蛟，遼陽斬魃，尤其事之异聞者乎！逮宋、元、明、清歷朝，封贈徽號頻嘉。固其恩施海宇，澤及生靈，王之功德所致也。邇來村中所奉祀惟龍王尊神廟焉。爲因風雨摧殘，重復修葺，金妝彩畫，焕然聿新。開展神光，献戲酬神。誠盛事也！余故復爲叙而勒碑以記之，并述昭澤王之大德及歷朝嘉惠之典，不禁爲之低徊而三嘆也。

特授修職郎候銓儒學教諭庚戌恩貢焕章李增榮熏［薰］沐復撰。

前清户科經承現充自治戒烟會正會長子榮劉海昌熏［薰］沐隸額。

前清邑庠生師范傳習所畢業毓之李鍾塘熏［薰］沐書丹。

興工糾首：李海深、倪顯銀、何世業、倪廣祥、高毓傑、張文宏、何廣旺、李樹芳、張永埴、李振丰、李顯彭、高廣貞。

開光糾首：張□陞、高木林、倪廣欽、李繼業、李生華、李海昌、倪恒達、張□雅、何傳良、何秋來、李顯德、高森。

值年糾首：張琇、李國錦、倪廣銀、李錦泰、李春雲、何繼書、張□鴻、倪金和、高毓傑、李圃香、何繼顏、高毓鍾。

□□：倪廣欽。玉工：郭先紅、張接運、連合林。

大中華民國十一年歲次壬戌孟秋月上浣穀旦。

1037. 重修猪佛龍王老廟碑記

立石年代：民國十一年（1922 年）

原石尺寸：高 156 厘米，寬 57 厘米

石存地點：晋中市和順縣李陽鎮上石勒村猪龍廟

〔碑額〕：承先啓後

重修猪佛龍王老廟碑記

瞻視仙峰，石□□岩，下有清泉，上有蒼松，泉音調無情之韻，松濤和有意之弦。古今巔峰，濤聲和起，上有猪佛龍王老廟存焉。神宇巍峨，樂樓飛驚，威靈丕顯，錫福無疆，感斯通、求必應焉。未知廟始自何代，成於何日。稽自道光戊申重修，以及光緒二年補葺，迄今年深日遠，山高風猛，瓦廢垣頹，竟成傾圮之象。衆皆睹者，無不嗟嘆。故於壬戌春，幸有信士楊登明立願重興，招聚合社，會其糾首，四方募緣，以助不給。善！於是各輸資財，共計得金大洋千元餘緡。用是鳩工庀材，同心協力，增修加改，廟貌輝煜，垣墉高峻。又新建牌樓一座，東廊屋八間。舊有拜殿、山門、鐘鼓二樓、迎神亭、西廊屋，而乃明神栖息之所，亦略加整理焉。即當四月經始，九月樂成，文以金碧，飾以丹青。壯觀瞻者以妥神靈可礽，美盛之常昭也。功成既□，惟期足矣。記曰：有其舉之，莫敢廢也。是余亦不能文，謹略叙其顛末而爲之序，願勸後世之人嗣而葺之云爾。

和邑第一區上石勒村村副李源薰沐盥手撰文，教員張清秀頓首書丹。

（以下糾首、經理、捐資人姓名及錢額略而不録）

中華民國十一年歲在壬戌菊月穀旦。

創自有明原名駕虹橋至清康熙年間重修之歷年
頗迫近年來又經天雨淋漓上流之水洪益汰致磚
行田畔行旅經過者靡不咨嗟而歎焉於是合村人
今年春村長盧悌村副耿安宗二君慨與斯舉妥籌
恭推盧仰哲等君趙謁鄰村軌簿募化捐得洋壹百餘大
洋壹百叁拾餘元本村籌洋叁拾餘元庶幾眾擎易舉大
名詳為鑄刻以垂不朽云
月共費大洋貳百肆拾餘元　　　徽文於余　　謹將

行增廣生員静巷盧體仁撰文並書丹
記講習所畢業生耕之盧書甲題額並校閱
省優遊五區行政長往商務會會長

十二十一年九月吉旦

盧術哲　盧得溫
盧懷溫
盧天樞　盧自強
　　　立石
鐵筆劉貴寶勒石

1038. 修橋記

立石年代：民國十一年（1922 年）
原石尺寸：高 67 厘米，寬 44 厘米
石存地點：運城市夏縣禹王鎮司馬村

……創自有明，原名駕虹橋，至清康熙年間重修之，歷年……頹，迨近年來又經天雨淋漓，上流之水洪溢，以致磚……行田畔，行旅經過者靡不咨嗟而嘆息焉。於是合村人……今年春，村長盧懷鈺、村副耿安宗，二君慨與斯舉，妥籌……恭推盧仰哲等君趨謁鄰村，執簿募化，捐得洋壹佰餘……洋壹佰叁拾餘元，本村籌洋叁拾餘元。庶幾衆擎易舉，大……月共費大洋貳佰肆拾餘元。事竣□石，徵文於余。余謹將……名詳爲鐫刻，以垂不朽云。

……邑庠優行增廣生員……員省□□記講習所畢業生静庵盧體仁撰文并書丹。

……所畢業歷任今縣第五區行政長……會會長差□處處長現任商務會會長耕之盧書田題額并校閱。

……盧潝昌、盧□□、盧柞敬、孫金□、盧天樞、盧□哲、盧得□、盧懷温、盧自强立石。

鐵筆石工劉崇寶勒石。

……十一年九月吉旦。

重修白龍廟碑誌

且神之在天下無往而不有也且□□都大邑下及僻壤偏居

凡有功德於民者莫不崇祀之臨賜崇□縣山柳樹塢舊有

龍王山神土地廟一座近今歷年既久廟貌不光樹久卽議

重修爰為補葺所費之錢按戶推派及後功成告竣欲勒碑列

各以垂久遠因求序於余曰善哉是舉也可以妥神靈可以

勵社重廟侷俊之觀者薄然興其善意又豈有暨哉是為

屬山前清儒學生員薛道溥薰沐謹撰並書

民國拾一年拾月穀旦

經理人

閆振裕 施錢伍仟文　趙振荣 施錢

韓平和 各施錢叁仟文　韓平順

嚴平梧　嚴修導

馬化蛟 施錢弍仟文　張修仲 施錢捌百文

李秀文　段應昇 施錢　各施錢壹仟貳百文

況匠王王安施錢一千

木匠王安施錢

河津縣人民

石匠甯金魁施錢壹仟貳伯文

1039. 重修白龍廟碑誌

立石年代：民國十一年（1922 年）
原石尺寸：高 122 厘米，寬 54 厘米
石存地點：呂梁市方山縣峪口鎮宗家山村白龍廟

〔碑額〕：流芳

重修白龍廟碑誌

且神之在天下，無往而不有也。上自通都大邑，下及僻壤偏居，凡有功德於民者，莫不崇祀之。臨縣宗□山柳樹塢舊有龍王、山神、土地廟一座，迄今歷年既久，廟貌不光，村人共議重修，爰爲補葺，所費之錢按户攤派。及後功成告竣，欲勒碑刻名，以垂久遠，因求序於余。余曰："善哉！是舉也，可以妥神靈，可以勵社事，而使後之觀者淳然興其善念，又豈有曁哉！"是爲序。

方山前清儒學生員薛道溥薰沐謹撰并書。

經理人：閆振裕施錢伍仟文，韓平和、嚴梧、馬化蛟各施錢叁仟文，李秀文施錢貳仟文，趙振榮、韓平順、嚴導、張修仲各施錢壹仟肆百文，段應昇施錢捌百文。

泥木匠王玉安施錢一千文，石匠甯金魁施錢壹仟貳佰文，河津縣人氏。

民國拾一年拾月穀旦。

1040. 下團柏村洪水渠渡橋碑碣

立石年代：民國十二年（1923 年）
原石尺寸：高 42 厘米，寬 57 厘米
石存地點：臨汾市汾西縣團柏鄉下團柏村

語云：大路上人往來，或乘車，或步行，惟平坦萬民幸喜，而險隘百姓憂傷。今敝村河神廟前有坡路一條，渠愈高坡愈直，凡雪雨之時，人牲□之□□危險。因此合社公議，邀同村□長興工修築，拆毀渠壋，改作石橋。南往北來，無不便利。恐後人民没前工，公立臥碑一塊，以垂永遠不朽云爾。

前清生員民國教員侯輯瑞撰并書。

（公直、村長、渠長等參與人姓名略而不録）

民國十二年歲次癸亥花月吉日公立。

永垂不朽

我村龍天廟坍塌不堪不知幾閱寒暑矣憶余總角時每見三五村童從牆穴中搬弄磚瓦為戲而以偶像作侍吅者其殘毀情形槩可想見歲辛亥余近五旬自嫌營遊歸是廟又飽風雪四十年以為定成薈萃矣的入閻皆煥然一新非從裝時之狀況窮訴之昆弟詢諸村人方知自南遊後賴殷詔諸君言曰南遊後事正待君也剛為薈化言於前清光緒三十三年二月與工八月告成余歎得碑文而亦亡之之捐簿而亦亡之中甲緻而待乙乙緻而待丙丙甲乙丙今捐貲而薈化監修之今捐簿而成凋謝卽當年之薈化監修之人猶能記憶之之設再延故成凋謝人姓名之難以考而亡存絲此村人每一念及亦不知薈化監修之人知是廟之新為薈某某募化某某監修者

原出而捐海十一丗月積十餘年始先後收回此村人曰尚未此事以誌其後俊之人知是廟之新為薈某某募化某某監修流傳此村人所遊者批苹記之

丁級而

時中華民國三月之二月十五日也討人喬之頎敬撰之

中華民國十三年歲次甲子黄僊八月

薈化人
白天龍　喬步烈　吳培玉　賈汝文
白殿詔　米玉琨　劉道蔡
　　　　白永昇
白寶友　白蟠山

監修人
李慶廷
李慶詔　李袁　武樹棠
　　　　　李余義

2248

1041. 龍天廟重修碑記

立石年代：民國十二年（1923 年）
原石尺寸：高 137 厘米，寬 72 厘米
石存地點：晉中市太谷縣水秀鎮北六門村龍天廟

〔碑額〕：永垂不朽

　　我村龍天廟，坍塌不堪，不知幾閱寒暑矣！憶余總角時，每見三五村童從墙穴中擲弹丸爲戲，而以偶像作侯的者，其殘毀情形，概可想見。歲辛亥，余年近五旬，自豫宦游歸，是廟又飽風雪四十年，以爲定成荒墟矣！甫入閭，見棟宇一新，非復舊時之狀況，心竊訝之，及詢諸村人，乃知自余南游後，賴殿詔諸君，四方募化，於前清光緒三十三年二月興工，八月告成。余欲得碑文而讀之，村人曰："尚未此事，正待君也。"因爲余言，原出捐簿十一册，積十餘年之久，始先後收回。此十餘年中，甲繳而待乙，乙繳而待丙，丙繳而待丁，迨丙、丁繳，而甲、乙之捐簿已遺失無存，兹并丙、丁之捐簿而亦亡之。此村人每一念及，深以爲憾者也。今捐資人姓名，難無從稽考，而募化、監修之人猶能記憶。憶及之設再延數載，恐老成凋謝，即當年之募化、監修人亦不知爲誰，何抱憾不更深乎？願君略著數語，勒之貞珉，俾後之人，知是廟之新爲某某募化，某某監修，於某年月日告成，庶可永垂不朽，且有以慰村人之心。余以桑梓誼，不能辭，謹就村人所述者，泚筆記之。時中華民國元年二月十五日也。村人喬之楨敬撰文，劉潘藜敬書丹。

　　募化人：白玉昆、喬步魁、喬繼英、白殿詔、白樹山、賈振文、吳培玉、劉逢藜、白永昇、米玉珖、白寶長。

　　監修人：李贊廷、白殿詔、李春、武樹榮、李蔭東。

中華民國十二年歲次癸亥仲春月。

1042. 新挑麻河碑記

立石年代：民國十二年（1923 年）

原石尺寸：高 33 厘米，寬 45 厘米

石存地點：陽泉市盂縣西烟鎮長嶺村大王廟

新挑麻河碑記

施地塝人：劉海成、楊世昌。

經理人：張福清、劉海成。

合村公班麻河，東邊樹木成材，永遠爲記。

鐵筆：馮作慶。

書禮：楊連棟、劉富元。

民國十二年四月上旬吉立。

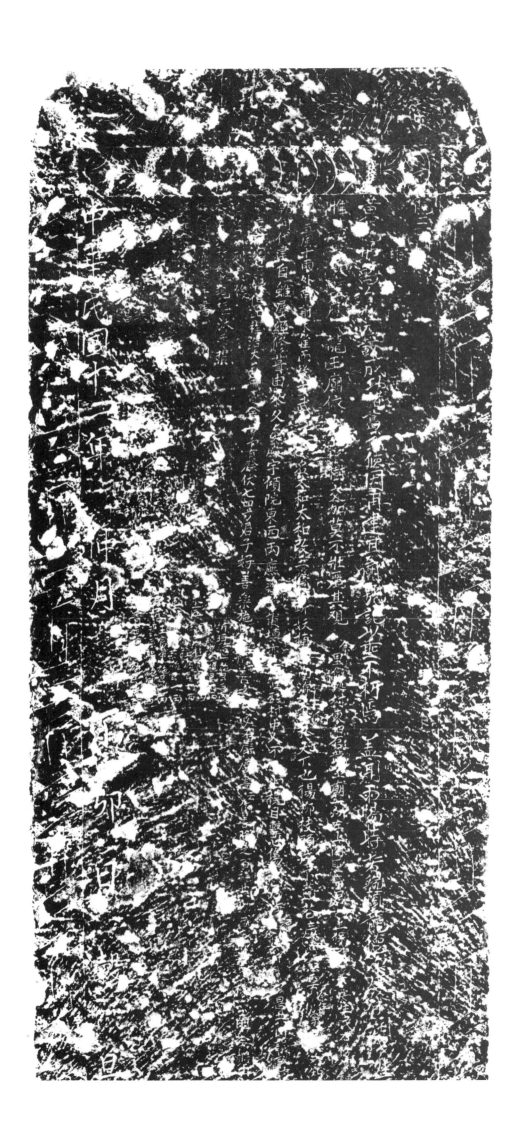

1043. 龍王廟記

立石年代：民國十二年（1923 年）

原石尺寸：高 160 厘米，寬 60 厘米

石存地點：太原市古交市邢家社鄉上莊村龍王廟

龍王□□

時黃龍助禹治水，五載成功，諸葛武侯因再建其廟號，記以垂不朽焉。盖聞雨暘時若，端賴龍德次生，粢潤又生，惟……龍王廟依□□□樹交加，莫不壯麗其觀。余里僻處村東，舊存龍王廟一所，左上關聖帝君，上保□□，下安生民；右傍□□，□五風十雨。外南前朱雀而後玄武。□□名太和，太和改五當山，斬妖捕□。南海□□□天下也，楊柳枝頭，座下蓮……朝何代建自，雖屢經修葺，由來久矣。殿宇傾，院東西兩廡，□□損壞，亦□摧殘。村中人不□坐視，目擊心傷……昌共同議議，重改東廡石窯三眼。但工程浩大，五年費金一千有餘，伏七四方君子，好善樂施。《易》曰："積善之家，必有餘慶。"《書》云：作善降之，百祥共……開列於後。

（以下碑文漫漶不清，略而不錄）

中華民國十二年仲月丁卯日穀旦。

1044. 堡城寺灌田水渠官司碟論碑

立石年代：民國十三年（1924 年）
原石尺寸：高 229 厘米，寬 71 厘米
石存地點：吕梁市汾陽市峪道河鎮堡城寺村龍王廟

〔碑額〕：垂遠

竊思不平則鳴，天下事大抵皆然。若事經起□，□□□□□，恐雙方有强弱之分，終難望其持平也。□城寺村□□□河北岸，向有本村□田□□，□河吃水，水利天然，且有□□居中，水來自分左右，此又與北垣底村分享水利之天然界限。奈十餘年底□□紲，無力振修，以致渠道……前人之成績漸消，後人之利源安在？社會觸目，情難坐視。經本村某某熱心發起，按地畝攤錢，興工振修，依舊規……抗。本村雖人財力薄，豈能以原有之利源甘被他人奪霸乎？情逼無奈，起訴官廳，□訟數載，仍緣彼强我弱，懸案未決。……數次，禀明上峰，始行判決定案。今將兩次碟論勒左，并案判勒於碑陰，俾後之人永遠遵焉。

謹録民國八年三月七日，奉到牛縣長碟諭：……興利實爲農田之本。查汾陽河道，非限於有定水□，即□於天然地形，以致水利無法……實察員，查得距城五里之堡城寺村外，有東西澗河一道，每届伏水下注，即可引灌田。惟是年深日久，無人經理，以致渠道……益竟至廢弃，□能從此籌款興浚，規復舊道，實爲該村農田利莫大焉。□值春暖農隙，籌款興舉，正在其時。爲此，諭仰該村長□□□，將該村□河古道，逐道□□□估，切實籌辦，用圖規復，以利民生，仍將勘估興修工蝦……以憑核奪，切切特□。

謹□民國九年二月二日，奉到牛縣長碟諭：遵照内開爲諭，知事本年一月二十四日，奉省長指令，據呈報堡城寺村副王印堂等，□□□款二百……由。奉□内開呈：悉查《興辦水利貸款章程》，係因人民創興水利需款不濟，始得貸款辦理。該縣堡城寺渠工程業經告竣，核與章程規定不符，所請□毋庸議，仰即轉飭遵照此令。等因奉此，合亟諭知。爲此諭仰該村副等即便遵照。特諭。

督辦人：前村副王印□，協助人：馬廷玉、姜學義……現充村副兼息訟會會長杜長茂、閻……馬廷玉……

中華民國十三年歲次甲子夏曆端月穀旦立。

2256

移橋碑記

黎之南界統有蜀漳一河每至冬令搭橋以便往來焉東西正社三

村所管理此舊規凡向之整橋口在寺瓜界內去年谷兄麥在此馬

額水流行道依舊往來一豈可任意擅移於去年十一月開路正會時

西正社所管理有利三村共享神官三村共當興北為村一寺在千因之

議論此事一縣長及各員議定此橋既移在北為山之後拾拼仍為東

村長副及社首筆謹遵

縣長及各員面諭刻於碑碣以為永遠規定云

　　　　　　　　　　　　　　　　縣長王景
　　　　　　　　　　　　　　　　恒長萬金
　　　　　　　　　　　　　利長割任賢
　　　　　　　　　　　稅學王佐
　　　　　　　　　東利長史廣典
　　　　　　　上村村長張淶良

中華民國十三年歲次甲子三月初八日

1045. 移橋碑記

立石年代：民國十三年（1924 年）

原石尺寸：高 110 厘米，寬 52 厘米

石存地點：長治市黎城縣上遥鎮北馬村

〔碑額〕：永垂

移橋碑記

　　黎之南界繞有濁漳一河，每至冬令，搭橋以便往來，爲東西正社三村所管理，此舊規也。向之搭橋，只在寺底界內，去年冬竟移在北馬。顧水流行道依舊，往來豈可任意擅移？於去年十一月開路工會時議論此事。縣長及各員議定：此橋既移在北馬，日後搭拆仍爲東西正社所管理；有利三村共享，有害三村共當，與北馬村一字無干。因之村長副及社首等謹遵縣長及各員面諭，刻於碑碣，以爲永遠規定云。

　　縣長：王攀貴。區長：馮全仁。視學：王佐。

　　南委泉村長：王堃。

　　趙店村長：劉任賢。

　　東陽關村長：史廣興。

　　東社村副：程經邦。

　　正社村長：申子銀。

　　北坊村長：連發。

　　石板村長：楊暄。

　　停河堡村長：王武。

　　西社村長：原相朝。

　　上桂花村長：李魁芳。

　　靳曲村長：楊文魁。

　　上遷村長：王紹文。

　　石工：趙滿丑。

　　北馬村村長張效良泐。

　　中華民國十三年歲次甲子三月初八日。

1046. 重修龍天觀音廟碑記

立石年代：民國十三年（1924 年）
原石尺寸：高 165 厘米，寬 60 厘米
石存地點：晋中市榆次區烏金山鎮瓦子坪村觀音廟

〔碑額〕：中華民國億萬年

重修龍天觀音廟碑記

伏思寶殿珠闕，非屬天成；雁塔龍宮，胥賴人力。設無樂施善士，而歷代古刹，何以迄今而不朽云？瓦子坪舊有龍天廟一座，修在村西來龍之處，及村南觀音堂與民對户，甚不適宜。今欲將歇馬殿重修，改爲龍天觀音廟，以及村東文昌、財神廟與樂樓社房一并修理。奈工大費繁，獨力難支，因此闔村公議，四方募緣，至於鄰村人等，亦各盡力輸資。於是乎民國辛酉之年興工營修，不數月間，焕然新鮮。誠無樂施善士，而墜舉廢興之説不作，經營丹青之意難起。更有由西而移東，從南而遷北者，不堪言矣。略將緣由，勒諸貞珉，永垂不朽。是爲記。

師範卒業趙璞、牛聯極撰文并書丹。

胡家□興福寺施銀壹拾兩……

崇建寺施銀陸兩……

功德主本所西茶亭住持潘元静，徒弟董明芳，徒祁志和施銀壹拾伍兩……

（以下碑文漫漶不清，略而不録）

中華民國歲次甲子年林鐘月上浣穀旦。

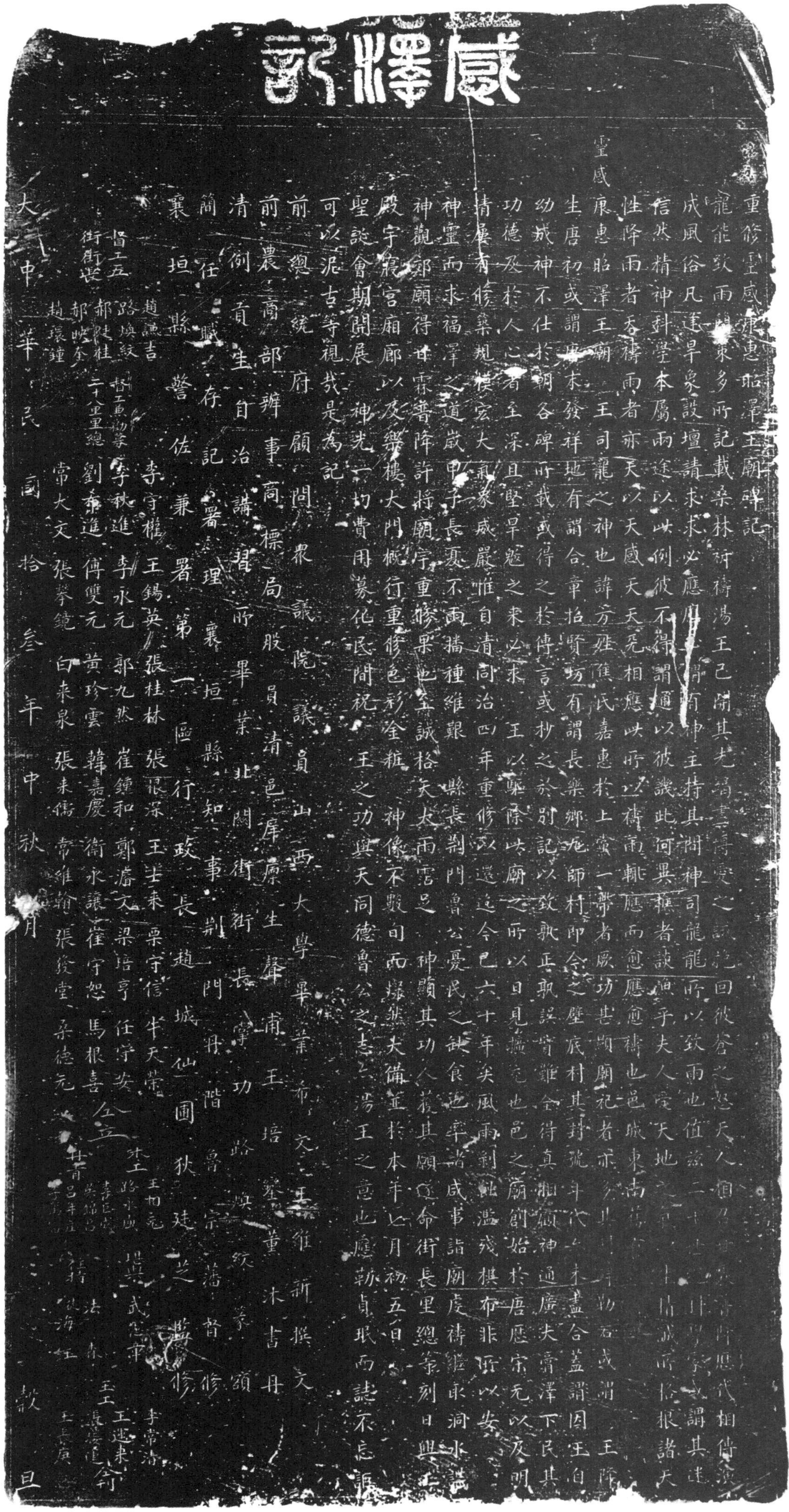
感澤記
重修靈感康惠昭澤王廟碑記
大中華民國拾叁年中秋月 穀旦

1047. 重修靈感康惠昭澤王廟碑記

立石年代：民國十三年（1924 年）
原石尺寸：高 134 厘米，寬 68 厘米
石存地點：長治市襄垣縣王村鎮東坡村

〔碑額〕：感澤記

重修靈感康惠昭澤王廟碑記

龍能致雨，簡策多所記載；桑林祈禱，湯王已開其先。竭盡博愛之誠，挽回彼蒼之怒，天人相召，甘霖普降。歷代相傳，演成風俗。凡逢旱象，設壇請求。求必應，應必謂有神主持其間，神司龍，龍所以致雨也。值茲二十世紀，科學家咸謂此迷信。然精神、科學本屬兩途，以此例彼，不得謂通；以彼譏此，何異樵者談漁乎？夫人受天地之氣以生，精誠所格，根諸天性。降雨者天，禱雨者亦天，以天感天，天天相應，此所以禱雨輒應，而愈應愈禱也。邑城東南，舊有靈感康惠昭澤王廟。王，司龍之神也，諱方姓焦氏，嘉惠於上黨一帶者，厥功甚顯，廟祀者亦多。其刻碑勒石，或謂王降生唐初，或謂唐末；發祥地有謂合章招賢坊，有謂長樂鄉九師村，即今之壁底村。其封號年代亦未盡合，蓋謂因王自幼成神，不仕於朝，各碑所載，或得之於傳言，或抄之於別記，以致孰正孰誤，實難全得真相。顧神通廣大，膏澤下民，其功德及於人心者至深且堅。旱魃之來，必求王以驅除，此廟之所以日見擴充也。邑之廟創始於唐，歷宋元以及明清，屢有修築，規模宏大，氣象威嚴。唯自清同治四年重修以還，迄今已六十年矣，風雨剝蝕，濫殘棋布，非所以安神靈而求福澤之道。歲甲子，長夏不雨，播種維艱。縣長荊門魯公憂民之缺食也，率諸咸事詣廟虔禱。繼取洞水，□神觀郊，願得甘霖普降，許將廟宇重修。果也，至誠格天，大雨沾足，神顯其功，人獲其願。遂命街長、里總等，刻〔克〕日興工。殿宇、寢宮、厢廊以及樂樓、大門，概行重修。色彩、金妝神像，不數旬而燦然大備，并於本年七月初五日聖誕會期開展神光。一切費用募化民間。祝王之功與天同德！魯公之志亦湯王之意也，應勒貞珉，而誌不忘，詎可以泥古等視哉？是爲記。

前總統府顧問眾議院議員山西大學畢業希文王維新撰文，前農商部辦事商標局股員清邑庠廩生聲甫王培鑾薰沐書丹，清例貢生自治講習所畢業北關街街長掌功路煥紋篆額，簡任職存記署理襄垣縣知事荊門丹階魯宗藩督修，襄垣縣警佐兼署第一區行政長趙城仙圃狄廷芝監修。

督工五街街長：趙謙吉、路煥紋、郝廷桂、郝映奎、趙環鐘。

督工及勸募二十八里里總：李守權、李秋進、劉希進、常大文、王錫英、李永元、付雙元、張攀鏡、張桂林、郭九然、黃珍雲、白來泉、張根深、崔鍾和、韓嘉慶、張來儒、王士來、鄭濬文、衛永讓、常維翰、栗守信、梁培亨、崔守恕、張發堂、牛天榮、任守安、馬根喜、桑德元，同立。

木工：王祖元、路永盛、李巨成。丹青：吳錦昌、呂年庄、李萬富。堪輿：武憲章。住持：法森，徒海鈺。玉工：李常清、王運來、張接運、王長庚，同刊。

中華民國拾叁年中秋月穀旦。

1048. 靈雨泉題刻

立石年代：民國十三年（1924 年）
原石尺寸：高 80 厘米，寬 35 厘米
石存地點：陽泉市盂縣南婁鎮西小坪村諸龍廟

民國十三年八月。
靈雨泉。
王堉昌。

1049-1. 賈村上渠新開泉圖碑（碑陽）

立石年代：民國十三年（1924 年）

原石尺寸：高 125 厘米，寬 55 厘米

石存地點：臨汾市霍州市大張鎮賈村媧皇廟

〔碑額〕：萬世永賴

賈村上渠新開泉圖碑文

從來事之繫於天定者，人固不得而勝之，而事之可以人爲者，天亦不得而靳之。如我賈村，土地膏沃，先聲早播霍郡；泉源汹涌，前代業有碑文。他渠皆然，上渠較勝。舊水本足灌溉，新泉烏容創開。歲在甲子，月建戊辰。斯時也，旱魃爲虐，陽侯出游，泉水頓小，田苗漸槁。崇德忝膺村長，目擊心傷，清夜自思，無計可施，夢想劉公美宋上油房北邊灘地泉水發現，若能將此地公買壹畝，開泉數眼，庶爲惟一無二，第一救時之良策。翌日到社，將此意公布，村副公斷，社首諸公歡欣鼓舞，齊聲贊襄。幸有村人劉公望堂者即時從中介紹，親詣美宋之家聯絡此事。劉公美宋者一聆謏言，極端承允，慷慨讓地壹畝，價值不受分文。社中嘉其樂輸，與其勇爲，乃將劉公美宋該處兩段灘地九畝，與上渠水地，一律使水以報之。建議桐月初旬動工，榴月下浣，茲者奉本縣易縣長之手諭，撥夫開泉，工已竣矣。紆曲漾迴，與上渠之水不分軒輊，西南流與舊水合一，而利澆灌焉。費資爲數有限，水利享受靡窮。縱堪謂首事者之急公，何莫匪闔村人之福蔭？半由人力，半歸天造，救一時之急，誠萬世之利，裨益賈村，寧有涯矣！是此若無碑紀，則諸翁美意，積久必至湮没，開泉事實，日後何由考稽？至若泉圖形迹，繪於碑陰，督工人員，載在碑陽，庶幾俾後人覽碑昭然，閱圖瞭然，不誠垂久遠、防後患之善道歟！愚才等襪綫，學僅記問，不揣固陋，不知自量，謬承縣長易公之訓令，首事諸翁之景命，謹將茲事始末聯綴成文，俾昭來許，以誌不朽云。

六等嘉禾章調署霍縣知事前清舉人熙吾易壽命刊，山西大學肄業生聘三劉廷輔撰文，清儒學生員明德劉克齋校訂，銀色雙穗獎章村長興昌劉崇德鑒定，高校畢業現充國民學校校長魚教員溥淵劉明富書丹。前清國學生員村副立齋雨亭劉美豫監刊、劉□□監圖。

（以下督工、社首等芳名略而不録）

中華民國十有三年夏曆冬十一月穀旦闔社公立。

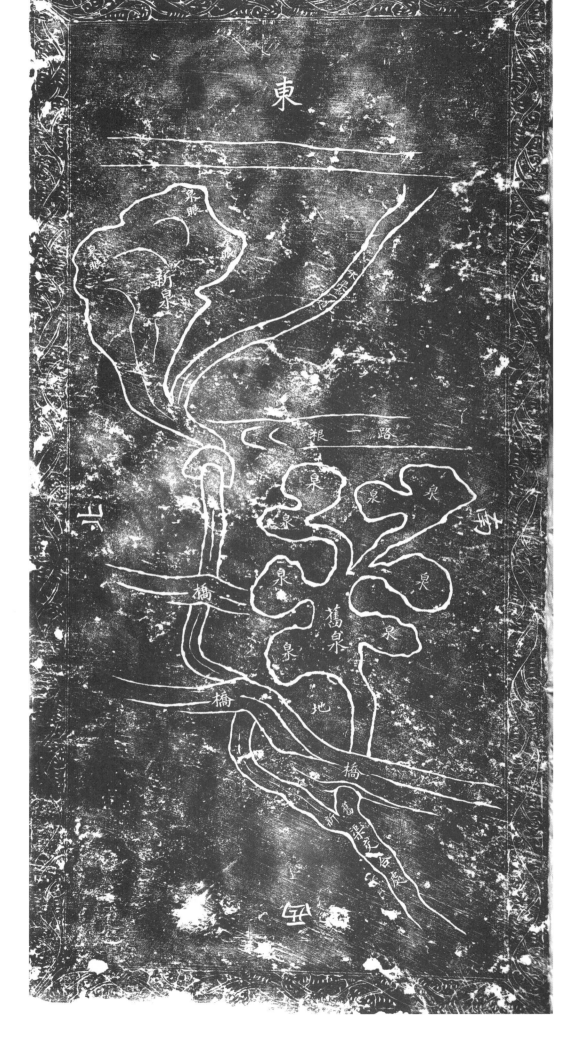

1049-2. 賈村上渠新開泉圖碑（碑陰）

立石年代：民國十三年（1924 年）
原石尺寸：高 125 厘米，寬 55 厘米
石存地點：臨汾市霍州市大張鎮賈村媧皇廟

賈村上渠新開泉圖

1050. 三教村重立開渠碑記

立石年代：民國十三年（1924年）

原石尺寸：高32厘米，寬53厘米

石存地點：晋中市靈石縣南關鎮三教村

重修水利碑記

盖聞大禹治水，晏公□□，分田立……等三教村東，王家溝村西，二村連壤之間，有□泉……其水往，引之入渠，人民賴以生……千古之常規也。於光緒十五六間，有伊□□姓□□浸，雖□□泉水淹滅，值□年天道亢旱久，灌溉維艱，而且飲資□絶，人情洶洶，坐以待嗷。欲在伊地□開渠，伊不克允，以致興訟。蒙縣長劉公堂訊，不能一己之私故病萬民，斷令在伊地中開渠，泉始淵淵而來，仍舊澆灌，於□□立碑以誌之。忽于民國十一年，伊村又有不法之徒，將此□□□。余等恐毀碑滅渠，將沿渠地户吴五留等控告。蒙□長趙親臨勘驗，以毀碑可恨，將伊等立加撲責，□□□言，斷令伊等永不能擾害此渠，以阻水利。所有渠外□三段亦不能塞此渠，隨便澆灌。從此立案，倘有不遵，□□□不貸。又囑余等，另立碑記……故余等□□斷案，勒石以垂不朽云。

（以下渠長、里長等姓名漫漶不清，略而不録）

民國十三年仲□穀旦立。

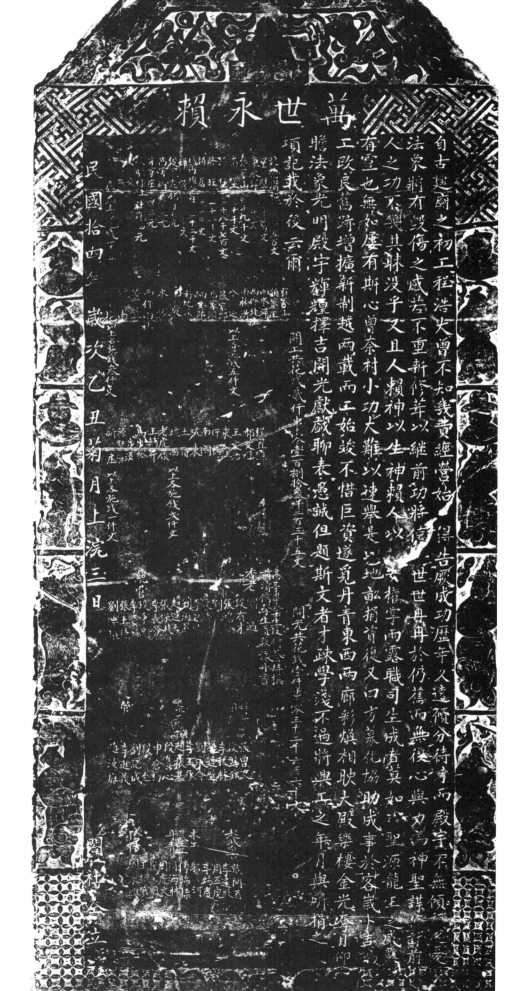

1051. 北流龍王廟重修碑

立石年代：民國十四年（1925 年）
原石尺寸：高 135 厘米，寬 58 厘米
石存地點：長治市黎城縣程家山鎮北流村龍王廟

〔碑額〕：萬世永賴

　　自古建廟之初，工程浩大，曾不知幾費經營，始得告厥成功。歷年久遠，傾分待□，而殿宇不無傾頹之憂，法象將有毀傷之感，若不重新修葺，以繼前功，將使世世冉冉於仍舊，而無復心與力。爲神聖謀修計，前人之功不幾其昧没乎。又且人賴神以生，神賴人以安。權掌雨露，職司生成者，莫如聖源龍王之威嚴有靈也。無如屢有斯心，曾奈村小功大，難以速舉。是以地畝捐資，復又四方募化，協助成事。於客歲卜吉鳩工，改良舊迹，增擴新制。越兩載而工始竣。不惜巨資，遂覓丹青，東西兩廊，彩焕相映，大殿樂樓，金光奪目，仰瞻法象光明，殿宇輝煌。擇吉開光獻戲，聊表愚誠，但題斯文者，才疏學淺，不過將興工之年月與所捐之□項記載於後云爾。

　　高等畢業生段□藝拜撰，前清儒學生員段讓丹書。

　　開工共花錢貳仟串零壹百捌拾壹仟二百三十五文。開光共花錢壹仟串零三十二仟六百六十文。

　　（以下碑文略而不録）

　　民國拾四年歲次乙丑菊月上浣三日，闔社同立。

渣波碑記

1052-1. 杜莊村潴波碑記（碑陽）

立石年代：民國十四年（1925年）
原石尺寸：高109厘米，寬45厘米
石存地點：臨汾市霍州市三教鄉杜莊村

〔碑額〕：潴波碑記

自古越界侵業者，無非毗連掠境之徒，常懷片錦不遂之怦，時作蠶食鯨吞之迹，屢謀湊成以自悅其心者，蓋比比也。如我杜莊村食水之馬跑神泉，源出於杜壁、東城兩村之間，自唐帝恩賜以來，人所共知。其始原由及潴波泉譜，已有元時碑誌載明。此外猶有清嘉慶年間，因與東城爭執，經官判決，注明分水禁污之碑石。不料至今歲四月，我村照章起夫掏泉，又有杜壁村樊清秀竟敢塞泉行車，侵潴種地，污我食水，侵我潴波。公然明確，肆無忌憚，情理講論，堅不認許。于是我村乃首縣具稟。蒙縣長駱、承審員王恩平均産，准于備案，訊問皎明，發給判決，令我村會同杜壁村、東城村村長，將樊某侵地，除照契紙所載畝數留於樊某管耕外，餘皆收回。至量地之際，樊某自知南段已足其數，于是爲利己起見，私下央杜壁、東城村村長與我村說和，情願將北段貳畝或歸還我村，留南段四畝自己耕種。我村初時不許，後經杜壁、東城村村長再四陳說，無奈而許之。并會同杜壁、東城村村長繪清波四至略圖，呈文備案，以防鄰近掠境之徒機變巧詐，乘隙復發，再滋爭執。乃托石立誌，使後輩之人得以泉譜贅述，永垂不朽云。

兹將判詞長官當事人員姓名及潴波四至略圖刻著于後。

霍縣公署民事判決：

訊得該原告人杜莊村村長馬鳳標等，因塞泉行車、開苙種地等情告訴樊清秀一案。驗明被告人之買契，南北兩段共地四畝，着將新開之地退出，毋越原買之數，致起爭執。契內載至小道出入地中，仍以騾馬小路而走，勿用車行，以符舊式。訟費各自負擔。此判。

霍縣知事駱斐。

國師畢業生劉志士撰文，師範畢業生成錦旗書丹。霍縣知事（印）。

繪圖員：國立大學肄業生成金芝，日本秋田礦山专门学校□□□畢業生成金聲，師範畢業生成於樂。

杜壁村村長暢清林、村副樊清傑，東城村村副王秉泉、王復兆。

村長馬鳳標、村副成炳光，公斷成思温、公員成鴻基，閭□成金順、成旺基、馬授福、成志義，渠長成□基。

總管：成文縣、成耀林、成儒膏、馬爲仁。香首成仁順。

讓地修理□橋：馬爲霖。

中華民國十四年十月二十三日合社公立。

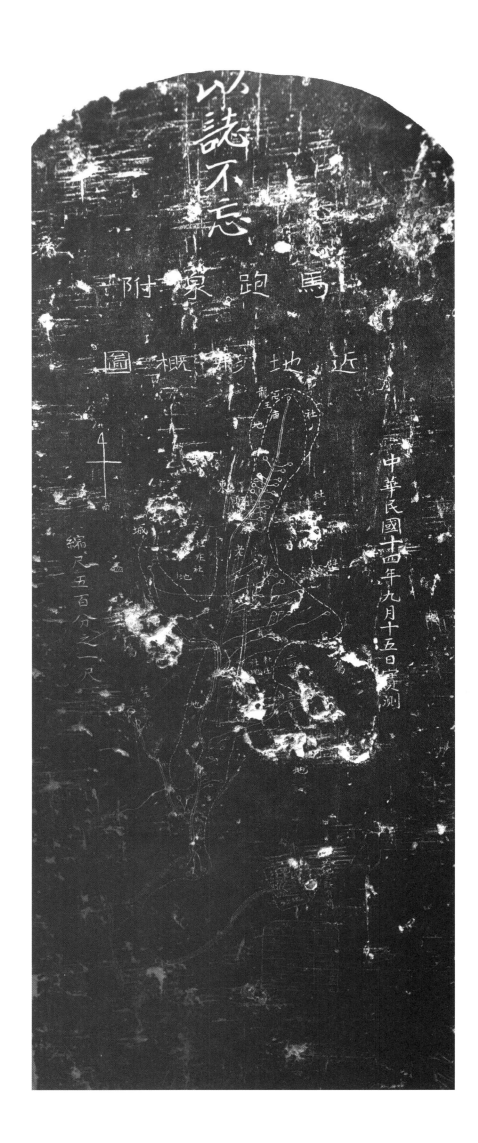

1052-2. 杜莊村潴波碑記（碑陰）

立石年代：民國十四年（1925年）
原石尺寸：高109厘米，寬45厘米
石存地點：臨汾市霍州市三教鄉杜莊村

〔碑額〕：以誌不忘
馬跑泉附近地形概圖。
中華民國十四年九月十五日實測。
縮尺五百分之一尺。

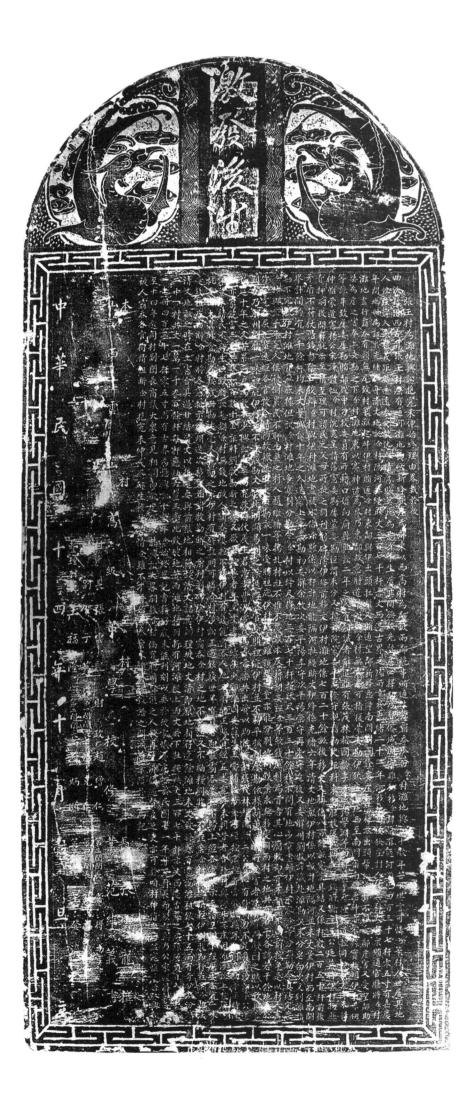

1053. 張王村爲灘地興訟抱冤未伸始終理由碑

立石年代：民國十四年（1925 年）
原石尺寸：高 145 厘米，寬 62 厘米
石存地點：臨汾市侯馬市高村鄉張王村

〔碑額〕：激發後生

張王村爲灘地興訟抱冤未伸始終理由略載於後：

曲沃縣治西，古有張王村，原有通河灘地，西以新絳狄庄爲鄰，東以西高村爲鄰，被兩鄰詭串賄通，仗勢霸吞瓜分余村灘地，興□十數年，苦不堪言。可憐余等村人世居其地，人性强悍，久失禮義，距縣遥遠，未受教化，人情腐敗，莫此爲甚。余等生居其間，欲效先賢"居必擇鄰"，乃習俗成風，實難挪移。余村原有通河灘地四百三十七杆零五寸，有嘉慶年間地册爲證。於光緒八年清丈地畝，余村隔河扯繩映丈三百七十杆，亦丈西邊古界之處。所幸於光緒二十一年河移地出，被狄庄村人仗其村大勢衆，賄通官廳，將余村灘地盡行霸吞，有頭無尾，致村□灘起衅。伊村賄通余村東鄰，與伊出頭扛幫，又賄通望鄰，新絳惡紳南關□國銓、婁庄□清禄，亦出頭幫□。余村不惟受鄰虐害，又受望鄰助桀爲虐之害。奉上委勘之下，余村灘地東以賽神道爲界，乃東鄰故意將道□□，□余村無東界可指。復蒙委勘伊狄庄□地，西至南關，爾南關惡紳亦不據實指明伊東界。伊等詭串，致屢委屢勘，賄鄰從中刁狡，委員有所藉口，始向府縣興訟二年之久，有知識者辭退，惟有張茂林、趙國齡、李□盛、楊學淵等，向前……道控司院……伸。惟蒙道憲楊公宋濂，體恤余村沉冤，呈請藩憲委勘。屢蒙委勘，涇渭未分。又控於院，蒙委平陽崇守親詣勘丈。詎料東鄰膽敢復出頭……公廷英將伊村拘縣責押，嗣後開釋，批示至情至理，可謂民之父母。所批之詞，刊刻碑陰。伊絳前移文伊村灘地係七百二十餘畝，後移文又稱係八百餘畝，完案具結又係杆數二百五十杆，前後矛盾不符，仗憑錢勢，信口狡辯。余村與伊村灘地盡被水占，余縣係以杆計地，能隔河扯繩映丈。伊絳係光緒六年清丈地畝，伊村係以畝計地，隔河并未丈量。伊村西至南關界，計開約有一千余杆，均未丈量。興訟十年之久，迭蒙上憲委勘，初委解余牧，次委平陽李守，次平陽崇守，再崇守。迨後又委解州劉牧□□赴灘勘訊，未分皂白，次又到灘詣勘，不究訊伊村灘地有無底據，但訊余村灘地多寡劃分，勒令余村以絳尺得地三百七十杆，折沃尺三百三十余杆；不問有地多寡，盡歸伊村，不容余等分辨，勒令具結完案。□□□□十年之久，俱被倒累，民不聊生，兼之村人趙繼緒等搗亂村社，不惟不思報本，反藉詞妄誣余等斂錢漁利。爲首者其心腐敗，即有才智亦不□前控争，是以村人盡作□□□屈之輩。迭經各官牧令，情徇故轍，并不秉公勘訊，一味受賄袒庇伊村。此案雖孩提之童亦能分別，地同鐵案，永無移變，矧兩村之地共有若干，各該若干，餘地□公判斷。乃解州劉牧一味袒庇伊村，并不澈底勘丈。似此明顯易判之案，迭經各官受賄袒庇伊村，并不持平核判，屢勘依樣葫蘆。□□所受害者□□□□受□之賊，以致興訟□延十年之久，苦累之户爲數不少。興訟之舉，□有疏財仗義王君忠孝、曹君常茂、馬君常樂，共出資以助佐涉訟。張茂林、□□□二公，皆心有□而力不足，負債涉訟，□□□亦家饒富，三次共墊一百數十金。詎料劉牧勘斷之後，又欲止控。甚者年至耄老繼續，年少郅生國安、薛生玉堂輔佐涉訟。□□控京、控省……民不聊生，以致將訟懸擱。余村無錢，地被人霸吞，屢控不歸；伊村有錢，能霸吞人地，又不納正賦。官經五委，冤終未明。昔者台神村與河北等庄因灘涉訟，

上控□□批委曲、太、翼、絳會勘，各按底冊勘丈，毫未吃虧之家，伊村有碑證明。可憐余村涉訟，正遇銀錢世界，有錢者即能霸吞，屢控不歸。上經各憲批示，至清至明，下經歷委各官，一味愛錢，袒庇勒斷。余村將各憲批示、絳州迭次移文，并劉牧勒斷之案，刊刻碑陰。伊村霸吞余村之地，不□□又不納糧，劉牧□不注案，余村灘地糧輕，伊劉牧即行注……清丈地畝之時，在上憲臺具過甘結，清丈以後，還要與前糧地相符。故清丈認真□理，坡地丈清即糧地相符。遺餘灘地未丈，致將縣有遺漏灘租銀七十五兩有奇，分派汾□二十一村，共丈一萬一千九百餘杆，每杆應納六厘三毫，此致坡地苦而灘地猶甜。所有河灘從上而丈於下，扯繩映丈三百七十杆，亦丈西邊古界之□□繩丈日久，……冊四百三十七杆零五寸，尚有古界爲憑。興訟十數年，余始終略記書籍留底，未能刊刻，以垂於後，常懷忧虑。余於民國十一年身充村長，即欲起辦，乃公家經济缺……至十四年，邀同村副、閭長商議，大衆意見相同，即欲建碑以誌興訟大略。嗣後，余村倘有聰明賢能之人，欲再□□，偶遇賢良之吏，亦可於咱村伸消血海盆冤……被人霸吞，各官徇情袒斷，余村抱冤未伸，民不聊生，種種苦情，余雖不才，將始……之間……爲記。

本村村長張雲龍撰，山西雲山高級中學校修業范維義書。

村長張雲龍，村副賀子英，整理村□王福隆，財政趙增仁……

中華民國十四年十月穀旦立。

《張王村爲灘地興訟抱冤未伸始終理由碑》拓片局部

1054. 集股掘井碑序

立石年代：民國十五年（1926 年）

原石尺寸：高 102 厘米，寬 55 厘米

石存地點：太原市萬柏林區

集股掘井碑序

蓋聞穿地取水，是伯益之傳也。因人非水火不能生活，故曰市井。如我村列居高岡，向例水缺。古□雖□□井一□，遠距村北，尚不利於日用。適有□鄉紳郝秩□提倡試辦，再掘一井，以補不足。又有善人郝□正賢願□地基一塊，計東西長五□，□北寬四步，事成之日，情甘永遠存公。□□□年不應，繩斗消□，□時□力合作，數月告成。又□地捐款，以補經費。幸得原泉□□，用之有□。遂及妥勒一石，以□□□□方云爾。

郝映煒撰，張汝弼□。

……人口□畜均攤到□□繳經理人承辦。并□□在□台□衣暨一切□物登記入股，一應攤款按加倍□納。至繩斗，誰壞誰□。如有□失，經理負□。

……周楨、田水安……郝尚賢、白鳳池、郝震、□拉元、張鳳□、齊明只、郝映□、郝映樞、郝映斗、張光龍、周桐、周梓、郝兔年、劉慶昌、郝偏只、郝根□、郝向□、田水豐、劉喜昌、郝步□、郝根福、郝華、齊麟。以上共三十五名，□出工不計外，又□地每□捐大□九分，共計九十元。

石匠師□三□刻。

中華民國十五年春季衆股東公立。

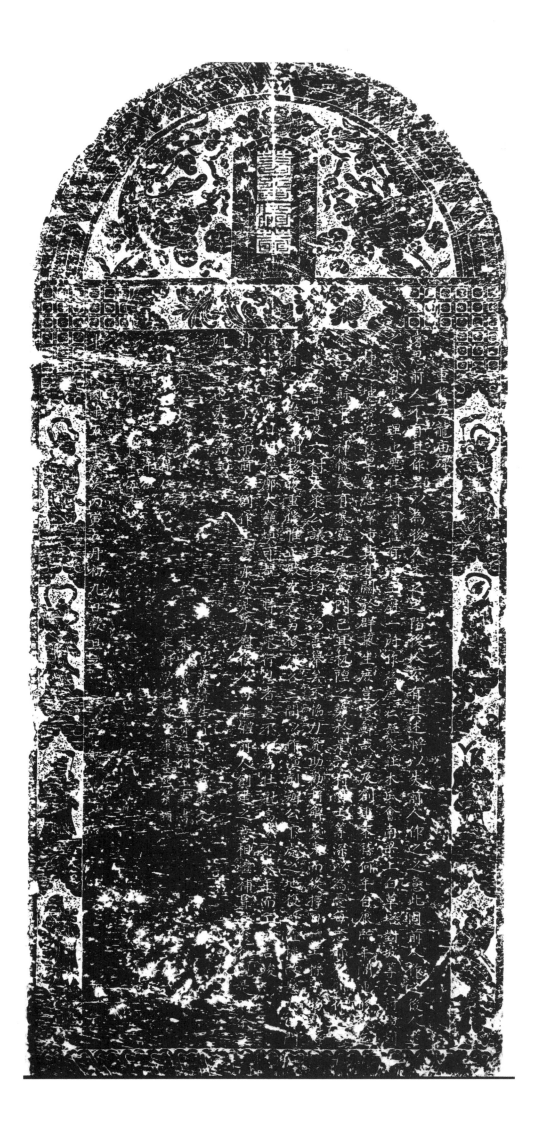

1055. 重修五龍廟碑記

立石年代：民國十五年（1926年）

原石尺寸：高180厘米，寬82厘米

石存地點：太原市古交市屯蘭街道鹿莊村五龍廟

〔碑額〕：萬古流芳

重修五龍廟碑記

嘗思前人不有其作，無以爲後人述之之階；後人不有其述，將以失前人作之之意。此固前人作之，後人述之，誠自然之理也。鹿莊村南舊有龍王廟一所，作爲鹿莊、姬家莊、木瓜會、南梁上、白草塔、對坡等六村演劇酬神之地。滂沱救旱，靈應澤沛，其有關於群黎生庶豈淺鮮哉？爰及創建，未稽何年。自康熙年間重修後，迄今二百餘年，神像幾有暴露之虞，山門已具杌隉之勢。於是，六村紳士等深以爲憂，每念前人創作之□，不忍廢弃。會及六村大衆公議重修，均以爲善舉，無不協力贊助，勸捐解囊。夫而後擇日鳩工，采辦物料，將原有之正殿三間移後重修，惟正殿左右另修禪各三間以作演劇、辦公下處之地。復將鐘樓改懸於山門頂上，較之舊日規模廓大，巍煥可睹。一時往來行息者，莫不□爲壯觀焉。然不數年而工成告竣，神靈於是乎妥，而前人創作之意亦於是乎慰。後人苟能體前人創建之意，相繼補葺，□廢後觀，是□余之所厚望也夫。是爲記。

交邑前清生員丁大有撰文，本村前清生員康錦玉奉書，本村學校□□康景熙篆額。

（功德主、糾首、布施人員名單漫漶不清，略而不録）

中華民國十五年歲次丙寅五月初九日穀旦立。

賈村下渠新開泉圖碑文

賈村下渠之泉由來尚矢共極開伊始來襚肇自何氏難改清康中華像河伯為難泉水閘壹曾有閒新渠概遠泉之舉碑傳至今猶存其蹟烏容逸
沒嘗昔馮夷當道一望忽屬秋田今茲卓魁為底四野幾成槁苗泰水縣試蘿流弗便雖欲藉用上渠之水其柢九陽異甚止渠之水不欲用何
謀水因時制宜速籌嘉泉補秋天災除去人感其危險情狀何堪設想斯時此年在甲子月建士申正萬寶結實必須兔之一期也夏已無本末難度且造
秋若無禾何以卒歲崇德筆念旱紀大其饑鍾為臻水綫減少未泰將稿爰集辦公人員協同到社醵簡意願仿此上渠新開之泉濬旦述洞
既成統而選擇風水卜占泉地石孫地點定於里襚劉公下渠泉北之地劉公嶽者家道小康胸懷大公不測之當爰陶唐氏之飄派斯村長副
箏嘉其義讓敬魄北方壹本公十餘人等見水裕絽來社諮泉與劉公里獻者其成效頓大概村長副甚原濬之泉形廣間儼同上渠新開之泉濬旦述洞
西南流與下渠舊水合一而利灌溉焉閒時六七日賚錢二百餘備用劝甚成效暢大傀村長副人共欣姤隔均悅其功塊天也同人其德與
地户固有大利地畝增加對公社詎與小補一舉兩得經濟足故圓前萬世水賴公德堪垂傀喬斯舉也神人共欣姤隔均悅其功塊天也同人其德與
日月爭光若無碑妃不纖使此閒係民生造福桑梓之記收盆美以資一詳云

皇聖母之神靈默助此下渠植地人等

師範大學畢業員　亮　坐　佐　撰
清儒範大學生員　明德　廷　挺　書
銀色隻肄業　草模範枝校長興　園
模範校　教員　清海　潤　喬　鑒　訂
國學生員　南　字　　　　　定
　　　　　　　　　　　　　鑒書

督　工谷斷生監劉美宋頁劉志勵生監劉美畯劉美靈　撰
人　　　生監劉墨峻　生監劉星良劉守成生監李光澤　滋豫富德書鑒圖

監劉美愍劉聖致　勸劉美藍敖劉星鳳新政劉窓漢劉守印
從九劉守東閭長劉星由九劉守東劉守神首香劉聖寵監李念芳首劉美踴

劉美愍劉聖致香劉聖璿
劉聖沛劉聖堂首香劉聖鎔

中華民國十有五年夏曆菰賔月穀旦閭社公立

櫻山戊事處印書刻馮鼎明

1056. 賈村下渠新開泉圖碑文

立石年代：民國十五年（1926 年）
原石尺寸：高 126 厘米，寬 62 厘米
石存地點：臨汾市霍州市大張鎮賈村

賈村下渠新開泉圖碑文

我村下渠之泉由來尚矣。其創開伊始，未稔肇自何代。惟考清康熙中葉，緣河伯爲難，泉水閉塞，曾有開新泉抵舊泉之舉，碑碣迄今猶存，事迹烏容湮没。疇昔馮夷當道，一望悉屬秋田；今兹旱魃爲虐，四野幾成槁苗。何也？泉水驟減，灌溉弗便。雖欲藉用上渠之水，其乃亢陽异甚，上渠之水且不敷用，何諰？非因時制宜，速籌善策，補救天灾，除去人憾，其危險情狀，何堪設想。斯時也，年在甲子，月建壬申，正萬寶結實，必須澆灌之期也。夏已無麥，本難度日，秋若無禾，何以卒歲？崇德等深念旱既太甚，饑饉薦臻，水綫減少，禾黍將槁。爰集辦公人員，協同到社磋商，意願仿上渠情形，創開新泉。一經提議，四座贊成。既而選擇風水，卜占泉地，乃將地點定於望巘劉公下渠泉北之地。劉公望巘者，家道小康，胸懷大公，雖無公子荆之富，竟有陶唐氏之風。村長副等嘉其義讓，敬饋孔方壹百八十緡，以便自購報品。當時按畝派夫，詹［占］吉浚泉。水勢暢達，不亞下渠原有之水；泉形廣闊，儼同上渠新開之泉。清且漣漪，西南流與下渠舊水合一，而利灌溉焉。閱時六七多日，費錢二百餘緡。用力甚少，成效頗大。縱村長副等之熱心公益，實我媧皇聖母之神靈默助也。下渠種地人等，見水裕如，來社請求，僉願將下渠所有灘地，逐地清查，依次澆灌。村長副等體諒衆情，允如所請。似此水旱灌溉，於地户固有大利，地畝增加，對公社詎無小補。一舉兩得，經濟足救目前；萬世永賴，公德堪垂後裔。斯舉也，神人共欣，婦孺均悦，其功與天地同久，其德與日月爭光。若無碑紀，不幾使此關係民生造福桑梓之事湮没弗彰歟？余也不敏，何以能文，僅就耳聞目睹者實而録之，詎敢溢美以贅一辞云。

師範畢業亮丞劉廷佐撰文，清儒學生員明德劉克齊校訂，銀色雙穗獎章模範校校長村長興昌劉崇德鑒定，模範校教員溥淵劉明富書丹，清國學生員立齊劉美豫鑒刊，雨亭劉望滋鑒圖。

督工人：公斷監生劉美宋、監生劉望年、貢生劉志勵、從九劉守東。

閭長：監生劉美宋、劉美數、劉美璽、劉望由、劉望良、從九劉守東、劉守成、劉守禄、監生李光澤、高校畢業劉守紳。

村人：監生劉美悉、劉望沛、劉望致、劉望堂、劉望鎔。

旧香首：劉美璽、劉望龍、教員劉望鳳、監生李含芳。

新香首：承玖劉雲漢、教員劉美珣、高校畢業劉守紳、喬照明。

稷山鐵筆黄光有刻。

中華民國十有五年夏曆蕤賓月穀旦闔社公立。

1057-1. 重修龍王廟碑記（碑陽）

立石年代：民國十五年（1926 年）

原石尺寸：高 112 厘米，寬 54 厘米

石存地點：臨汾市安澤縣府城鎮花車村龍王廟

〔碑額〕：流芳百代

重修龍王廟碑記

花車村舊有龍王及諸位神廟一所，考稽碑文，不知創自何時。有乾隆十九年重修碑記，□今年遠代湮久矣！補修以致風雨剥落，殿宇坍塌不□，□□神灵無所依栖。而社□□結會集議，特感困難，有王鴻雁、孟海玉、□□□公，盡爲懷愁焉……社公議始由□□□款，其餘按地畝攤。鳩工□材，重修龍王諸神正殿一座，□□□□一座，戲臺一座，□本社經所屬石頭平法律廟一座，并將諸位神像重行披衣雕繪妝顔，由□□□傾圮，滲漏者而□□巍峨□焕然一新。雖□君之爲善，不□人知而提倡，興修勞苦不辭，捐款各户慨然□□□□興舉未便湮没□以□□欽其大略，刻諸貞珉，永誌不忘云爾。是爲序。

師範□□□□□孟文彬□，□□校□□王玉印書。

總經理：王鴻雁捐錢六千文，孟海玉捐錢六千文。

（以下碑文漫漶不清，略而不録）

中華民國十五年六月初三日立。

1057-2. 重修龍王廟碑記（碑陰）

立石年代：民國十五年（1926 年）
原石尺寸：高 112 厘米，寬 54 厘米
石存地點：臨汾市安澤縣府城鎮花車村龍王廟

〔碑額〕：萬善同歸

□思鈍、王□印、段俊秀、許光傑、刘福太、馬守文、張興禮、胡人傑、傅福海、孟傳興、張建花、□春山、張金貴，以上各捐錢□千□。邱鍾榮、段福星、楊福春、邢忠順、王夢□、徐玉慶、孟兆□、張□枝、張國□、王□合、孟現清，以上各捐錢貳千文。郝生金、高福進、蘇有真、張天祥，以上四名各捐錢二千文。高福昌、張連鳳、孔照良、孟文壽、田起會、宋□年、田□玉、石萬福、燕登儀、楊迎午、楊貴瑣、張好義、張好當、楊忠信、□□先、王□胡、□□□、馬□金、刘培發、杜文奎、馬好道、李福□、劉福子、李和、喬文福、鄧好德、張逢林、楊本、傅德、谷富、傅明貴、王鳳錫、王生銀、何思光、刘鳳明、徐玉田、李振學、袁振亮、陳玉朋、楊新和、刘清海、李文武，以上各捐錢一千文。

石匠王□□，画匠王師□。

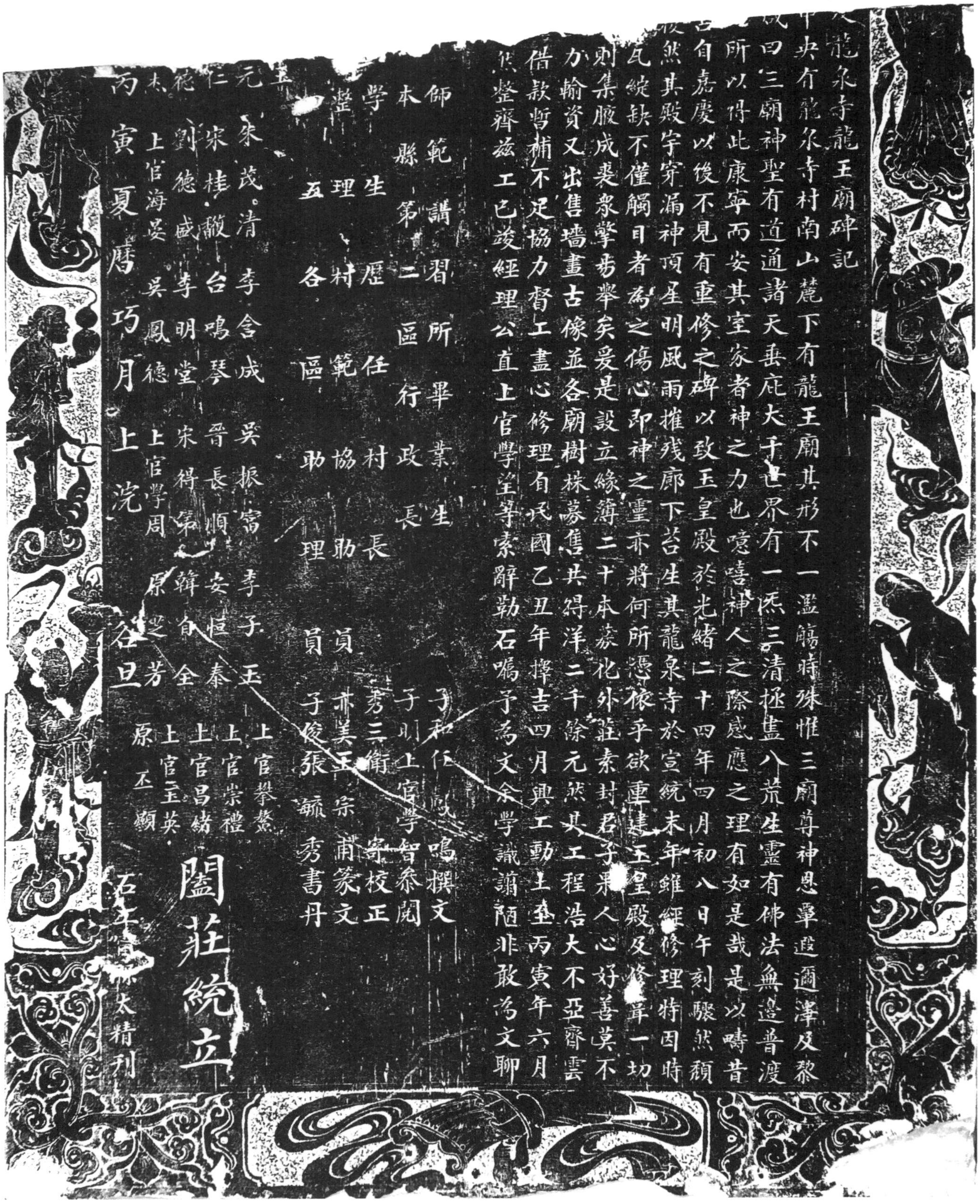

龍泉寺龍王廟碑記

中央有龍泉寺村南山麓下有龍王廟其形不一盪觴時殊惟三廟尊神恩覃遐邇澤及黎

庶曰三廟神聖有道通諸天垂庇大千世界有一炁三清拯盡八荒生靈有佛法無邊普渡

所以得此康寧而安其室家者神之力也噫嘻神人之際感應之理有如是哉是以疇昔

自嘉慶以後不見有重修之碑以致玉皇殿於光緒二十四年四月初八日午刻驟然頹

然其殿宇穿漏神頂星明風雨摧残廊下苔生其龍泉寺於宣統末年雖經修理特因時

瓦縫缺不僅觸目者為之傷心即神之靈亦將何所憑依乎欲重建玉皇殿及修葺一切

則集腋成裘衆擎易舉矣爰是設立緣簿二十本募化外莊素封君子衆人心好善莫不

力輸資又出售墻畫古像並各廟樹株募售共得洋二千餘元然其工程浩大不亞齊雲

借款暫補不足協力督工盡心修理自民國乙丑年擇吉四月興工動土至丙寅年六月

[illegible]竣齊茲工已竣經理公直上官學望等索辭勒石囑予為文余學識譾陋非敢為文聊

師範講習所畢業生　予和任鳳鳴撰文

本縣第二區行政長　子則上官學智參閱

學生歷任村長　秀三衛寄校正

塋理村範協助員　亦美王宗甫篆文

五各區助理員　子俊張毓秀書丹

元朱茂。清　李含成　吳振富　李子玉　上官拳鰲

仁宋桂馥　台鳴琴　晋長順　安恒泰　上官崇禮

德劉德盛　李明堂　宋得第　韓自全　上官昌緒

杰上官海晏　吳鳳德　上官學周　原芝芳　上官玉英

原丕顯

丙寅夏曆巧月上浣穀旦

閆莊統立

石工[illegible]太精刊

1058. 龍泉寺龍王廟碑記

立石年代：民國十五年（1926 年）
原石尺寸：高 87 厘米，寬 70 厘米
石存地點：臨汾市曲沃縣北董鄉南林交村龍泉寺

……龍泉寺龍王廟碑記

……中央有龍泉寺，村南山麓下有龍王廟，其形不一，濫觴時殊，惟三廟尊神恩覃遐邇，澤及黎……曰：三廟神聖，有道通諸天，垂庇大千世界；有一炁三清，拯盡八荒生靈；有佛法無邊，普渡……所以得此康寧而安其室家者，神之力也。噫嘻！神人之際，感應之理，有如是哉？是以疇昔……自嘉慶以後不見有重修之碑，以致玉皇殿於光緒二十四年四月初八日午刻驟然頹……然其殿宇穿漏，神頂星明，風雨摧殘，廊下苔生。其龍泉寺於宣統末年雖經修理，特因時……瓦綻缺，不僅觸目者爲之傷心，即神之靈亦將何所憑依乎？欲重建玉皇殿及修葺一切……則集腋成裘，衆擎易舉矣。爰是設立緣簿二十本，募化外莊素封君子。果人心好善，莫不……力輸資，又出售墻畫、古像并各廟樹株，募售共得洋二千餘元。然其工程浩大，不亞齊雲……借款暫補不足，協力督工，盡心修理。自民國乙丑年擇吉四月興工動土，至丙寅年六月……然整齊。茲工已竣，經理公直上官學望等索辭勒石，囑予爲文。余學識謭陋，非敢爲文，聊……

師範講習所畢業生子和任鳳鳴撰文，本縣第二區行政長子明上官學智參閱，學生歷任村長秀三衛寄校正，整理村範協助員亦美王宗甫篆文，四五各區助理員子俊張毓秀書丹。

……玉……元……仁……德……杰，朱茂清、宋桂馥、劉德盛、上官海晏、李含成、台鳴琴、李鳴堂、吳鳳德、吳振富、晋長順、宋得第、上官學周、李子玉、安恒泰、韓自全、原芝芳、上官攀鰲、上官崇禮、上官昌緒、上官玉英、原丕顯。

闔莊統立。

石工□□太精刊。

……丙寅夏曆巧月上浣谷旦。

重修前陽澤龍洞廟碑記

闔社糾首 前陽澤 村同敬立

張家庄
李家溝

中華民國十五年歲次丙寅八月中浣旦

1059-1. 重修前陽澤龍洞廟碑記（碑陽）

立石年代：民國十五年（1926 年）
原石尺寸：高 240 厘米，寬 87.5 厘米
石存地點：長治市襄垣縣古韓鎮石灰窯村龍王廟

重修前陽澤龍洞廟碑記

巍巍乎，霖雨濟蒼生之望；蕩蕩乎，膏澤慰黎庶之怀。百穀成而民命所由托，其惟聖德之無疆乎！我前陽澤舊有靈感康惠昭澤王行宮，不知創自何時。按碑石所載，其始不過正殿一楹，自明萬曆年間復增爲正殿三楹，若臺榭、樂樓則未也。及清康熙、乾隆、道光諸朝，咸有熱心者始漸次擴充之。可見王德之及人愈深，而人酬報之心亦愈殷。自古神祠之樓臺殿宇愈傳而愈臻完美，畫梁刻棟稱希世壯觀者，決非一朝一代之經營所及也。王乃焦姓，惜歷史無存，僅就上党各祠碑石參考并父老傳説，王，吾襄九獅村人，即今北低村是也，生於唐懿宗通咸九年七月初五日，母楊氏。王生時，白氣冲天。品格非凡，果成神焉！遼州有王神洞，名曰龍洞，天造地設，神境异常。王真神時隐於洞中焉。凡遇皇天震怒，旱魃爲灾，虔誠赴洞禱祝，求王微点法水，隨即甘霖普被。其德澤淵深，不獨一鄉一邑戴德靡已，即千百之遥亦同範圍化雨之中。其功德之浩大，爲何如也？祀典所載，凡神有關國計民生者，必立廟祠之。我龍洞廟，自道光癸卯重修以後，迄今百有餘年，風雨剥蝕焉，有不日就傾圮者乎。故执事諸君每日目睹心傷，欲依舊完補。不事增創，覺規謀狹小殊多不適；欲改造擴張，又慮財力不支，籌畫多年未敢舉辦。民國元年春，糾首等始集衆會商，決定展期興工。重修正殿，創修左右配殿；重修樂樓，創修東西耳樓、東西社房。虽係重修，亦與創修無异。至於廟院、厨房、騾屋、南房、街前花墙俱係創修。其餘馬棚、戲房亦依次更新之。至民國十二年始完全落成。是此興工數年，耗款極巨、財殫力竭，實屬獨力難支，糾首等復商募緣四方仁人善士，金妝神像，彩畫廟宇。至秋後，吉日開展神光。所謂有始终者，此也。余本不能文，因情關本社，不得已以应同人所托。是爲記。

山西太原省專門醫學校畢業縣議會議員、教育科科員、清邑庠生、張家莊會亭張聚文撰并書。

闔社糾首：張家庄村、前陽澤村、李家溝村同敬立。

鐵匠連興虎，木匠郭有仁，陰陽武龍章，丹青林師夫，路邑玉工張接運并住持。

中華民國十五年歲次丙寅八月中浣穀旦。

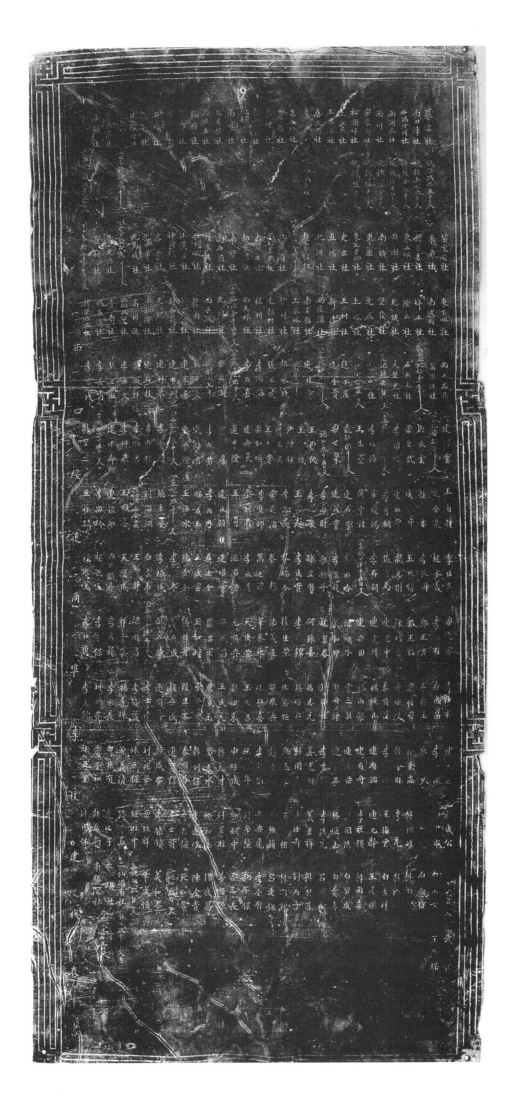

1059-2. 重修前陽澤龍洞廟碑記（碑陰）

立石年代：民國十五年（1926 年）

原石尺寸：高 240 厘米，寬 87.5 厘米

石存地點：長治市襄垣縣古韓鎮石灰窑村龍王廟

慕容社施錢貳拾五千文，南田漳社施錢壹拾叁千文，后陽澤河社施錢壹拾千文，西河底社施錢陸千伍百文，西川社施錢陸千文，栗家□社施錢伍千文，松樹坪社施錢伍千文。上豐社、王家庄社、桑家河社，□□各施錢叁千伍□文。東王□社、賈嶺社、巷裏社、東□□□社、大郝□社、南□社、北里信社、西城庄社、桃樹社、路家溝社、二□□里、石峪社、善□社、甘露烟社，以上各施錢叁千文。袁家溝社、庄頭社，以上各施錢貳仟五□文。苗家嶺社、東南社、韓堡老社、東上峪社、西□社、南娥社、東庄社、東七里脚社、史出社、五陽社、北河社、趙家烟社，以上各施錢貳千□□文。化岩嶺社、西七里脚社、大黄庄社、郝□溝社、南坪社、高廟嶺社、趙家庄社、西下峪社、小黄庄社、神頭□社、店上社、北田漳社、北馬□社，以上各施錢貳千文。東北陽社、崔村社，以上各施錢壹千伍百文。東下峪社、南返頭社、坪上社、陰山社、北娥社、堡後社、北底社、上峪社、王村社、新□社、西泥溝社、南里信社、王家峪社、甘□社、北郝村社、杜村社、西王橋社，以上各施錢壹千五百文。北□社、西山底社、韓村社、狐□□社、趙家嶺社、北姚社、小□溝社、高村社、北關五龍社、青南社、楊家溝社、韓堡后庄社、西山底社、富家河社，以上各施錢壹千文。石板大社、大堡底社，以上各施錢五佰文。送返社施錢六百廿五文。趙水發、連金貴，以上各施錢貳拾千文。連桂靈施錢壹拾伍千文。郝永盛、張巨達、李湖海、李存喜，以上各施壹拾千文。栗宗湖施錢七千文。張□文、連來喜、連士烈、連科舉、連新枝、栗鳳祥、李希文、張巨旺、李長青、李富成、連鍾靈，以上各施錢伍千文。張盛雲、栗宏武、李傳世，以上各施錢六千文。李培海、王生壨，各施錢四千文。栗世泉施錢叁千五百文。王的伏、王斌、尹緒祥、崔三馬、王貴、栗如焕、連興炎、連士隆、崔發、李拴芳、連鍾秀、連興隆，以上各施錢叁千文。李金鐘、李拴桂、李拴芳、李科舉、連十命，以上各施錢貳千五百文。韓堡二、王苟□、連金泉、孫林、成守、連双午、李秀桐、栗遵鴻、黄中禮、連存靈、連茂靈、李招財、李根、王起、李秀長、栗遵海、李雙印、栗如甫、王苟、連成鎖、李丙子、楊成玉、王海水，以上各施錢貳千文。張來安、劉海洞、陽泽河三合窑、王的喜、連銀卯、李海珍、王怀麟、李秋生、趙永義、李近財、王近保、栗□財、張馬、李存鎖，以上各施錢壹千五佰文。李昭和、李富鎖、郭新年、孫宜有、李成貴、春瑞和、秦根、萬巨源、李永厚、滙海源、連培靈、桑德全、三盛窑、陳金全、李冬、李培成、白廣弟、王胖、天順成、興盛酒房、趙長玉、□近篤、栗逢榮、李柱、郭正方、郭正福、陳培善、連建中、連建續、連興田、源順永、義和炉、祝富春、何銀喜、李錦、復生榮、德義厚、華泰永、天成慶、元順興、興盛昌、鼎昌窑、王如琼、張桂芳、義興成、釀泉成，以上各施錢壹千文。源順昌、祥雲集、李成鎖、李□保、李仕禎、李仕梅、興盛昌、三興玉、鼎恒慶、連承汶、泰順德、楊保山、楊丙銀、常三孩、姚守謙、張□生、馮志元、張培興、張萬恒、苗根興、張双喜、王大吉、栗□來、王成元、鼎成玉、□安康、段生林、連有守、李士達、李培茂、楊喜珠、李永長、劉鵬林、李文錦、連□□、李□泉、廣□久、韓東海、韓金旺、李□□、連有治、連有守、連有榮、連金林、李秀陞、姜克明、韓用□、仇玉連、趙金有、李士維、張年、申焕成、韓□才、□成永、韓劉保、泰順合、

連有信、任成林、刘兆華、張巨保、萬義涌、白根有、栗金和、張五金、和盛公……韓國殊、李元、王海雲、連九齡、李秋鎖、□國德、徐恒玉、李清元、義來祥、李仕奇、□相、馬郭鎖、連興虎、刘全鰲、郭毓中、刘宣柱、恒河德、李連岐、李存保、李士賢、李銀鎖、栗致祥、姬怀中、孫五、李圮宇、郝五新、刘代保……白圭女、白廣保、韓□□、白廣祥、王建國、韓開喜、白留成、白貴喜、吕全、韓替才、刘丙子、韓□檜、吕連保、李全有、郝存保、栗三長、萬順源、復盛昌、陳金貴、天和厚，□□各施錢□□文。義和泰、華盛恒，各施貳佰文。二仙港南社施錢貳千文。水碾社、南桥院社，各施錢壹千五佰文。武□□、王□□，各施錢五佰文。

西口綏遠商埠李枝建代表書。

《重修前陽澤龍洞廟碑記（碑陰)》拓片局部

創修五谷神廟碑序

遠縣儒學生員劉燈謹撰並書

神之為靈昭昭也若非詠於易經書於左氏春秋雜出於傳託百家之書雖窮鄉僻壤之民莫知
其為神也若非黃初頒神共相可嘆之降鑒顯靈默佑萬民烏能諮於斯哉縣東
距城九十餘里有村曰後嶺莊山水綿延吐秀萬里地有函山之勝規模肅令尊畫一
之風萬事金賴人和於是村眾社首等鴟隼四山善士共議各捐己資顥創建五谷神廟
三樞大眾協力勘助其事與工建造踴躍樂為不逾月而廟貌咸新歌臺主色將見報塞
之不盡也四方之民得以遂生復性要晉神恩廣被至此也此廟之祖
平安取於五路風雨降於四時河水安瀾本歲百谷豐盈舍有餘糧真可謂用之不竭取
業悀頌施捨日後與工陳建相干厥功告竣之後祈序於吾本學讀祗陋西裹開書法
不苟不盡章並非敏捷之才何敢修記因歡是舉費資雖微而所關係最莫大焉壺錢
部言以誌盛事於不朽云

1060. 創修五穀神廟碑序

立石年代：民國十五年（1926 年）

原石尺寸：高 136 厘米，寬 62 厘米

石存地點：晋中市左權縣羊角鄉下後嶺村

創修五谷神廟碑序

神之爲靈昭昭也，咏於《易經》，書於《左氏春秋》，雜出於傳記百家之書。雖窮鄉僻壤之民，皆知其爲神也。若非始初諸神共相呵護之、降鑒之，偉德顯靈，默佑萬民，烏能語於斯哉？縣東距城九十餘里，有村曰後嶺庄，山水綿延，吐秀萬里。地有函山之勝，規模整肅，人尊畫一之風，萬事全賴人和。於是村衆社首等，鳩集四山善士共議，各捐己資，願創建五谷神廟三楹。大衆協力襄助其事，興工建造，踴躍樂爲，不逾月而廟貌咸新。歌臺生色，將見報賽，平安歌於五路，風雨降於四時，河水安瀾。本歲百谷豐盈，倉有餘糧，真可謂用之不竭、取之不盡也。四方民得以遂生復性，要皆神恩廣被至此也。此廟地基乃是陳斌懷仁之祖業，情願施捨，日後永不與陳姓相干。厥功告竣之後，祈序於吾。吾本學謏，孤陋寡聞，書法不能，句不成章，并非敏捷之才，何敢修記？因歡是舉，費資雖微，而所關係，最莫大焉。垂録鄙言，以誌盛事於不朽云。

遼縣儒學生員劉煜謹撰并書。

總經理：賈守華。

糾首：陳斌施捨廟地基三间，陳懷仁施捨廟外滴水画□地基，陳□祥施大洋十□□元，□□銀施大洋十五元，李有□施大洋貳十元，常文□施大洋貳拾五元。

鑒師：張燕吉、白有文。

泥玉工：魏天存。

泥木工：馮家珍。

画工：張福泰、劉□林。

通共收布施大洋三百三十七元五毛。

通共出大洋三百三十七元五毛。

時中華民國十五年歲次丙演［寅］己亥月中浣十五日勒石。

民國時期（二）

2299

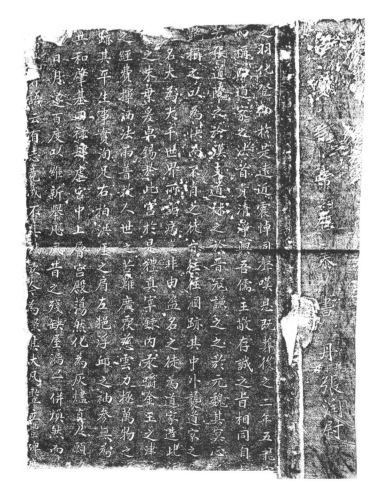

1061. 五龍宮四銘碑

立石年代：民國十五年（1926年）
原石尺寸：高113厘米，寬43厘米
石存地點：臨汾市鄉寧縣雲丘山五龍宮

　　□国成立之十三年歲次甲子六月二十八日，五龍宮……之羽化登仙，於是遠近震悼，同聲嘆息。既葬後之二年，五龍官……事咸思勒真人之事於貞珉，以垂久遠，而樹典型。……而稱曰：道家之法，首貴清净，與吾儒主敬存誠之旨相同。自……下史創立以來，歷代崇奉其教，載於史册，見於典籍者，……，若張道陵之於漢，支道林之於晋，寇謙之之於元魏。其冥心……往道行卓絶，小之足以修真養性，大則足以利物濟人。讀……艷稱之以爲快，而不肖之徒亦往往溷迹其中，外襲道家之……，内行盜賊之實，道則猶是也，而其實則亡矣。坐是之故，致……名大，爲大千世界所詬病，豈非由盜名之徒爲道家造此……点也哉？侯君宗芝，幼喜茹素，籍隸平陽，覃精内典，宅心静……之末葉，爰卓錫於此宮，於是禮真宰，煉内汞，嚼金玉之津……，服日月之精華。内精即充，外光自發，擴充宮外之田地，饒……之經費。揮洒法雨，普救人世之苦難；廣覆慈雲，力拯萬物之……淪。兼之己維嚴，接物以誠，謹遵道門之清規，從無軌外……迹。其平生事實，洵足右拍洪崖之肩，左挹浮邱之袖，参無爲……妙諦，契黄庭之奥旨者歟。而余所最欽崇者，則在重修宮……、共和肇基，回禄肆虐，宮中上層宮殿蕩然化爲灰燼。真人願力宏深，洪纖畢舉，鼓其精心，貞以毅力，多方募化，鳩工庀……日月，遂百度以維新。舉凡夙昔之殘缺屋漏，一併焕然而……觀，固賴各首事之朝夕督促，實由真人……《語》云"有志竟成"，不其然歟？今爲□其大凡，竪立豐碑……

　　古高梁前清國子監□□□□常履泰書丹，圪于君張潤尉。

　　……

1062. 逃荒碑叙

立石年代：民國十六年（1927 年）
原石尺寸：高 30 厘米，寬 32 厘米
石存地點：吕梁市離石區信義鎮玉林山諸神廟

壘壘高山灣灣水，河南山西省相連。
只因武安遭荒旱，逃荒流落離石間。
姓韓本真心向善，帶子成林也相綿。
諸尊經理恩寬旋，一毫莫答落閑言。
民國丁卯年正月望六。

黄河流域水利碑刻集成·山西卷 八

昌略姑就其原文勒石以
可号人遠就其原文勒
西人舊名五寨智姓居東
北姓辞舊武二姓居西北寨
許妘居東南寨理姓居
南妘張姓居中宜涓順治西
二年縣令韓合併於白村
都四名為郭村云
郭村舊有龍王廟一所始
於榆林地再遷於關廟即
地三遷於武家墳即今廟
地是也　　經理人仝記
民國十六年秋月馮石

1063. 重修龍三廟記

立石年代：民國十六年（1927 年）

原石尺寸：高 45 厘米，寬 85 厘米

石存地點：晋中市太谷區水秀鎮北郭村龍王廟

□□□三□記

□□八年春季，重修龍王廟。興工後，見正殿梁上有字數行，一記郭村立名之源，一記龍王廟改建之地。皆略而不詳，又別無碑記可考。姑就其原文勒石，以垂久遠。

郭村舊名五塞。智姓居東北塞，薛、武二姓居西北塞；許姓居東南塞；程姓居西南塞；張姓居中塞。清順治二年，縣令韓合併於白村都，因名爲郭村云。

郭村舊有龍王廟一所，始建於榆林地，再遷於關廟地，三遷於武家墳，即今廟地是也。

經理人同記。

民國十六年秋月勒石。

重脩龍子祠水母殿及清音亭記

今之龍子祠即邑承府志所注為平水神祠也乃臨襄兩河展拜將事之新前殿祀龍神由前殿旁道而進之為穿堂再進之為後殿內祀龍母殿宇恢宏形勢高聳與前殿相望輝映後先所以妥神靈亦所以蕭瞻仰也第萬姓既蒙其恩澤千秋宜報以燕當無如歷年久遠而脊瓦殘缺風雨之飄搖鳥虫之剝蝕以致大鳳傾圮螭等觸目驚心不容坐視爰與各河諸同人相商咸願樂事輸將急於興修益金裝神像及殿前之門窗戶牖與臺堂前之腳柱雕飾繪畫蔚然壯視其四十分南清音之廡簷稍有坍損與綢繆一律修整所需之資悉照舊規餘之廡房內勤聖柱鎪新其東一半舊規屬北八河經管冷則來偏勤工脩庇材剋期將事閱月餘而工程告竣炳焕輝煌庙貌重新又本庙之廡房內勤聖柱鎪新則來偏勤工脩北兩河各二十分納按水分之大小為寡所幸泉心協一爭先恐後不數日而資財供俱於是鳩工脩清音期將事閱月餘而工程告竣之日本年賢棠張君總理其事囑余為文而記之
理一切台階有二門內以至北窯地基俱用新碑墈平並北樓之廡房內
按水分均攤興脩而南八河不與焉落成之日本年賢棠張君總理其事囑余為文而記之
以為後人之殷為鑒是為序

清封資政大夫同知銜四川邛州直隸州夫邑縣知縣調署丹稜洪雅等縣知縣甲午科舉人關世熙書丹
清封朝議大夫花翎四品銜順天府密雲縣知縣調署固安縣知縣丁未科會考一等歲貢生秦泉彌撰文

中華民國卄六年歲次丁卯季秋月中澣穀旦立石

1064. 重修龍子祠水母殿及清音亭記

立石年代：民國十六年（1927 年）

原石尺寸：高 225 厘米，寬 80 厘米

石存地點：臨汾市堯都區金殿鎮龍祠村龍子祠

重修龍子祠水母殿及清音亭記

今之龍子祠，即邑乘府志所注爲平水神祠也，乃臨、襄兩河展拜將享之所。前殿祀龍神，由前殿旁道而進之爲穿堂，再進之爲後殿，内祀龍母，殿宇恢宏，形勢高聳，與前殿相望，輝映後先，所以妥神靈，亦所以肅瞻仰也。第萬姓既蒙其恩澤，千秋宜報以蒸嘗。無如歷年久速，而脊瓦殘缺，風雨之飄搖，鳥蟲之剝蝕，以致大廈傾圮。紳等觸目驚心，不容坐視，爰與各河諸同人相商，咸願樂事輸將，急於興修。并金裝神像，及殿前之門窗户牖，與享堂前之脚柱，雕飾繪畫，蔚然壯觀。其清音亭之厦檐，稍有塌損與罅隙滲漏之處，俱各補葺繕茸，一律修整。所需之資，悉照舊規，沾水利之四十分，南北兩河各二十分，納款按水分之大小，爲捐資之多寡。所幸衆心協一，爭先恐後，不數日而資財俱備。於是鳩工庀材，刻期將事。閱月餘而工程告竣，炳焕輝煌，廟貌重新。又本廟東一半，舊規屬北八河經管，今則東偏動工修理，一切台階自二門内以至北窖地基，俱用新磚墁平，并北樓之厦房内，黝堊朽鏝，咸與維新。其資悉由北八河按水分均攤興修，而南八河不與焉。落成之日，本年賢堂張君總理其事，囑余爲文。余不獲辭，爰即其事而記之，以爲後人之殷鑒。是爲序。

清封朝議大夫花翎四品銜順天府密雲縣知縣調署固安縣知縣丁未科會考一等歲貢生秦皋弼撰文，清封資政大夫同知銜四川邛州直隸州大邑縣知縣調署丹稜洪雅等縣知縣甲午科舉人關世熙書丹。

中華民國十六年歲次丁卯季秋月中浣穀旦立石。

永垂不朽

創立開渠灌田碑記

且六政之中關渠居其□□開渠者農家大公益事也敝村北桑義人戶稀少無不依賴農

張進元張子安等素□好善之忱急務公益之事遂邀本村及南桑義並黃家梁三村人

等高議曰咱三村之□□業為生計農業宜講土壤尤宜講水利水利之興非有提倡人不可幸有張光明李永平人

及第一善事不可緩□開渠引河水灌田共是便利可備凶旱之虞泉皆樂從僉曰此

壓埝沿河岸修通水填□□遂於甲子之秋經理人等願先度量地址高下家河俊遂名東石道數家

盡行色攬共貴大洋壹□土壤曲地戶挨工開通至神坪裡開工作大洋奉各石壞送名東石

通水洞至乙丑之秋水□十壹百餘元開至神坪裡但因地勢高低不等戎遂建砌石橋或建

十四畝為一水共作為□河到黃家梁坪前後三村共可澆地四百餘畝議定分作二

而復始不能亂規□七個水接次輪流灌澆每一水不拘時刻以畝澆完為度迥

經理人之勤勞功德□日同衆議定每年澆水章程十一條列於後並將事之巔末及

當大中華民國十六年歲次丁卯九月吉立　邑前清丙申正貢生曹輝亭撰文並書丹

經理人

張子安　張光明　馮正泰　楊宗法　安邑　張生財鐵筆

張進元　李永平　高發珍

1065-1. 創立開渠灌田碑記（碑陽）

立石年代：民國十六年（1927年）

原石尺寸：高116厘米，寬68厘米

石存地點：臨汾市大寧縣徐家垛鄉北桑峨村

〔碑額〕：永垂不朽

創立開渠灌田碑記

　　且六政之中，開渠居其一，開渠者，農家大公益事也。敝村北桑峨人户稀少，無不依賴農業爲生計。農業宜講土壤，尤宜靠水利；水利之興，非有提倡人不可。幸有張光明、李永平、張進元、張子安等，素□好善之忱，急務公益之事，遂邀本村及南桑峨并黄家垛三村人等商議，曰："咱三村之□濱於河，引河水灌田甚是便利，可備凶旱之虞。"衆皆樂從，僉曰："此乃第一善事，不可緩□。"遂於甲子之秋，經理人等預先度量地址高下，先從早家河後邊壓埝，沿河岸修通水□。土壕由地户拔工開通，每工作大洋叁角。石壕遂招來石匠數家，盡行包攬，共費大洋壹千壹百餘元。開至神坪裡，但因地勢高低不等，或建砌石橋，或穿通水洞。至乙丑之秋，水□到黄家垛坪。前後三村，共可澆地四百餘畝。同衆議定，分作二十四畝爲一水，共作爲□七個水；按次輪流灌澆，每一水不拘時刻，以畝數澆完爲度。周而復始，不能亂規。工竣之日，同衆議定每年澆水章程十一條，列於後，并將事之巓末，及經理人之勤勞功德，撰□俚言，勒諸瑣石，以誌徽行，永垂不朽云爾。爲序。

　　邑前清丙申正貢生曹輝亭撰文并書丹。

　　經理人：張子安、張進元、張光明、李永平、馮正泰、高發珍、楊宗法。

　　安邑張生財鐵筆。

　　時大中華民國十六年歲次丁卯九月吉立。

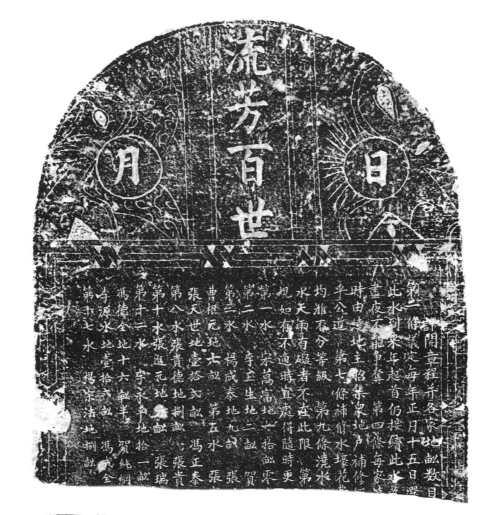

1065-2. 創立開渠灌田碑記（碑陰）

立石年代：民國十六年（1927 年）
原石尺寸：高 116 厘米，寬 68 厘米
石存地點：臨汾市大寧縣徐家垛鄉北桑峨村

〔碑額〕：流芳百世　　日　月

計開章程并各家地畝数目：

第一條：議定每年正月十五日選……經理人二名,管賬人一名,恐有耽誤。第二條：每年澆水,落點時在此水,到來年起首,仍接續此水……道。第三條：每一水或有數家者,按後派水名目先後爲次序,不分晝夜,不能争奪。第四條：每家……地畝数目,澆完爲度,不得恃强多澆。第五條：日後水壩或有損壞時,由澆地主招集衆地户補修……事不能推諉。第六條：每年補修水壩工價,由經理人臨時檢定,取乎公道。第七條：補修水壩花費……地畝多少均攤,不能混淆。第八條：修壩花費,杆子水與自來水一律均攤,不分等級。第九條：澆水……快澆完之際,即速呼喚後接水者,而後接水者亦當速去,不得有誤,但河水天雨有礙者,不在此限。第□條：無論何人,接水後不分晝夜,不得隨意放水,耽誤時辰。第十一條：所定條規,如有不適時宜處,得隨時更之再。以上所定各條,有違犯者,由經理人酌量情形輕重處罰之。

第一水：宋萬富地一拾畝零□畝,姚玉昇地四畝,賀國安地四畝,王宗唐地壹畝,賀國銀地四畝。第二水：李玉生地二畝,賀□全地六畝,賀生瑞地七畝,馮思明地三畝,張進元地五畝,馮和璧地四畝。第三水：楊成泰地九畝,張元地九畝,張家齊地六畝。第四水：張家祥地一拾畝,曹進喜地五畝,曹根元地七畝。第五水：張□齊地四畝,張子安地四畝,張兆元地七畝,李永平地九畝。第六水：張天世地壹拾貳畝,馮正泰地一十貳畝。第七水：楊宗法地捌畝,馮德全地九畝,高法珍地捌畝。第八水：張貴德地捌畝,張貴□地壹拾六畝。第九水：張家祥地九畝,張子安地十三畝,張貴福地貳畝。第十水：張進元地六畝,張瑞□地拾畝,李永安地拾畝。第十一水：高法珍地十一畝半,馮仰璧地十三畝。第十二水：李永平地拾一畝,馮狗毛地七畝半,馮天全地四畝,馮成全地貳畝。第十三水：馮德全地十六畝半,賀純綱地九畝。第十四水：楊宗法地十三畝,馮永全地拾畝。第十五水：李源水地壹拾貳畝,馮成全地十三畝。第十六水：馮世全地十九畝,曹有喜地五畝。第十七水：楊宗法地捌畝,馮成忠地四畝,賀順元地五畝。以上共所澆之地四百零六畝。

1066. 重修白龍王廟復創西院房十間碑記

立石年代：民國十七年（1928 年）

原石尺寸：高 150 厘米，寬 60 厘米

石存地點：臨汾市浮山縣寨圪塔鄉張村白龍王廟

〔碑額〕：萬善同歸

重修白龍王庙復創西院房十間碑記

噫！余村中舊有白龍王庙也，殿宇狹隘，戲樓傾覆。心欲爲之繼長增高而成壯麗之觀，特恐此任難勝，而同懦夫□稚子游淵也。余於是屢爲躊躇，何以處此，無奈將十二年至十六年間演戲删除，祭祀優免，去庙中產業西邊房院。功告竣，心稍安。□不仍舊基，皆從新備致桌椅。列清錢文，惟祈仰不愧天，俯不怍人。雖不敢稱夬，縱比前規模崇伸。噫！絕長補短，爰勒貞珉。謹將出入化費等項開列於左。

（以下碑文漫漶不清，略而不錄）

中華民國拾柒年歲在戊辰杏月上浣穀旦張村合社公立。

永垂不朽

中華民國十七年五月十四日

一總理兼正人

1067. 解店村三義堂鑿穿窖水井碑記

立石年代：民國十七年（1928 年）
原石尺寸：高 86 厘米，寬 39 厘米
石存地點：運城市萬榮縣博物館

〔碑額〕：永垂不朽

解店村三義堂鑿穿窖水井碑記

村中舊有窖水井一眼，不足合村之用，以故每年春季，常受缺水之苦。遂於民國十六年正月一十三日，值吳、楊、薛三姓人等進廟酬神之際，共同商議，於更房東邊再穿窖水井一眼，可保村中半年□用，庶免年年有缺水之患。老幼歡喜，心中皆願。即請風水家選擇吉地，于本年九月廿四日興工，至十二月廿七日告竣。此井腰寬木尺二丈，深五丈，底有紅陸土四五尺，未曾見底。議立禁約，無論迩來客商、本村籍貫，開設染房、飯店、粉房、豆腐等鋪四行，不准在井內汲水，違者進廟處罰。此規各宜體量。是爲記。

共總花費大洋貳百陸拾餘圓。

總理兼工人：楊應福、楊鳳樓、吳梅森、薛榮耀、薛長海、楊金旺、吳鎮東、吳鳳樓、薛遵孟。

中華民國十七年五月十四日立。

1068. 堡內修井記

立石年代：民國十七年（1928年）

原石尺寸：高41厘米，寬70厘米

石存地點：運城市新絳縣龍興鎮段家莊段家堡

堡內修井記

堡內之井，自道光廿八年修葺之後，距今六七十年矣。閱時既久，井筒頹壞，井底壅塞，水源因之不暢。平時水猶足用，一交夏令，水即缺乏，天旱時尤甚。堡人患之，久思修浚，因功大費巨，屢議屢輟。迨丙寅夏，取水更艱，始知修井之舉，不能再緩也。因思百人會尚有存款，即以演戲之資移作修井之用。合堡公議，僉以爲可，遂於六月十九日動工。其間用銀七十餘元，費工三百餘個。閱七十餘日而工竣，從此井底寬闊，泉流疏暢，雖經取用，不患竭盡。至本年夏，天氣尤旱，用水更多，而亦無竭涸之虞，於是堡人無不欣欣然喜相告曰："是役也，耗款雖多，費工雖巨，而泉旺水足，井養不窮，堡人之利賴實多，斯不可不勒諸石，以垂久遠也。"爰誌其顛末如右。

莊人張洽撰，本莊國民學校教員王亨利書。

項工姓名及用款數目列後：

張廷珍廿四工，朱春榮廿四工，楊堅遠十八工，耿煌十八工，耿堃十五工，張淮十五工，張湖十二工，衛進財十一工，張濬十一工，張克孝十一工，張克忠十一工，段天福十一工，張漢十一工，支遇春十一工，張克弟十一工，耿益秋十一工，張克信九工，張克恭七工，張克禮五工，張克敏五工，張河六工，皇甫新春五工，耿在章九工，耿森九工，耿在民九工，楊有福五工，王本成九工，韓寶德九工，尚德化七工，劉長命七工。吳家七工，蕭亭子七工，蕭春雲七工，蕭三春七工，袁馹兒七工。共三百六十四工。

經理督工人：朱春榮、張廷珍、楊堅遠、衛進財。

匠工共使洋貳拾元，磚共使洋貳拾陸元五角，麻繩共使洋柒元五角，酒、肉、油於煤辛共使洋捌元零五分，石碑共使洋叄元，明土演戲共使洋陸元。以上共使洋柒拾五元八角伍分，均由百人會以前支用。

中華民國十七年六月吉日立石。

民國時期（二）

承前啓後

理經

韓家坡增修村社記
民國年來我村學校頼社宇而成立而阮廟池神祠又嘗社宇寅通十三年村八公所
理經營修築遂掘聞社院西塔故地築成祠宇三眼並重築大門圍墻水洞十六年又將
資油畫戲台神閣並補修村南土地村北河神兩廟同年築旁營田相中央不便
自己店旁門上地址讓公村築水井一面本年工成三天附刻翰捐善人分未
將自己威師嘗整頓輝煌吾人則不戒謂壯觀曛嘗以應事實上之需要已耳十七年秋
觀者威師嘗整頓輝煌吾人之嗣因記而書為房
碑記事後生長泰奉長青之嗣因記而書為房村副並宝忠於正

1069. 韓家坡增修村社記

立石年代：民國十七年（1928年）

原石尺寸：高165厘米，寬70厘米

石存地點：呂梁市柳林縣李家灣鄉韓家坡村

〔碑額〕：承前啓後

韓家坡增修村社記

民國年來，我村學校賴社宇而成立，既感廟貌破爛，又覺社宇窄逼。十三年，村人公推經理經營修築，遂掘開社院西墻故地，築成磚窯三眼，并重築大門、圍墻、水洞。十六年，又捐資油画戲台、神閣并補修村南土地、村北河神兩廟。同年韓夢鶯因村中吃水不便，將自己店房門上地址讓公村築水井一面。本年工成，演戲三天，酬謝輸捐善人。四方來觀者盛稱贊整頓輝煌，吾人則不敢謂壯觀瞻，實以應事實上之需要已耳。十七年秋，刻碑紀事，後生長泰奉長者之囑，因記而書爲序。

村副韓守忠較〔校〕正。

（以下碑文漫漶不清，略而不録）

1070. 河南村下南渠表揚功德碑記

立石年代：民國十七年（1928 年）

原石尺寸：高 45 厘米，寬 75 厘米

石存地點：晉中市靈石縣南關鎮金旺村

河南村下南渠表揚功德碑記

盖聞大禹分野而盡力乎溝洫，晏公治齊而注重乎開渠。是渠也，農夫沾灌溉之利，國家征水地之粮，真千古之善事，實百代之利源也。雖然，尤在善得其人竭力籌畫，渠可以永久堅固，人亦可以安享其利也。即如余等村中舊有下南渠一条，自光緒初年因河水過大，將舊渠冲壞，即占人之地界開渠與人出租，数十年以來每年所出渠租不下二石餘斗之多。又因占地認粮與人佃粮二斗餘升，花户受其賠累，實不堪其困難。于民國三年，余等公舉裴善爲渠長，裴象乾、韓汝舟、裴象謙、裴繼昌爲渠甲，此数人者不惜心力，善爲經理。因收渠租所餘雜粮数斗，屢年出放集少成多，不滿五年將渠租全数買到。又設法將粮帶出，花户始免其害。又在善友溝及洞只溝捲橋兩孔，又爲保護渠道在廣蔭溝西修石堰一条。下可沾漫灘地所費錢不下六十餘千文，皆攤附近地主，其他苦力衆地人民建築。又恐庄立村吳姓之人字堰于自己渠地有害，同村長交涉立下条約：共長十丈，永不許伊再往南接。即此数事費心則神疲意倦，費言則舌敝唇焦，余等村人念念不忘。迄今年老交卸，余等恐代遠年湮，后人泯其功德，故謹留碑記，以□□不朽云。

清附生裴文華撰序，中學修業生裴鴻昌書丹。

渠長：裴善。

渠甲：裴繼昌、裴象謙、裴象乾、韓汝舟、裴象觀、裴根昌。

匠人：費柴旺。

民國三年庙内外栽柏樹八株，埋木五尺深。

民國十七年十月十六日閤地畝人公立。

民國時期（二）

嘗聞神有棲靈之所人有致敬之壇神之祀典由來久矣是知莫為與前雖美不彰莫

為與後雖盛不傳神之為靈如是而人不可致敬昏昏矣今因中陽石樓分疆之間舊有

白龍廟一座故以名其地正建龍王位左設山神土地祠東壁西房歌舞台南面而立

不識創於何年始於何人考之古碑補修於乾隆丙子年間迄今歷年久遠廟貌殘又遇

民國八年地動大震坍塌不堪樣瓦損壞如綴旒然不克以蔽風雨何以棲神安時逢歌

舞樂樓賓挨厥觀乃因公議神棚仍舊貫而補之樂樓移動新修工程頗大三年告

其費三千餘文合社一十二村庄神靈一萬零八百三十畝沿村逐戶按地抽金同

後其費欣然樂從各出囊貲以成盛事將見廟貌煥然可觀也神靈可安也民心可歡也同

民皆欣然樂地共歌太平凡有董理者執技而共襄厥成者書於左使後人之見者知

登安樂之地共歌太平凡有董理者施力者書於左

斯廟之來由也云爾是為序

前清附貢生梁德昌撰

前清庠生梁守義書

功主梁順昌

德主梁

董人白玉華　　施人劉孟元

理人胡貢瑒　　力人馮學元　胡士儒

泥匠李昇殿

木匠薛清和

鐵筆孫永德

丹青劉業祥

民國十八年六月十二日敬立

1071. 重修白龍廟碑

立石年代：民國十八年（1929 年）
原石尺寸：高 125 厘米，寬 66 厘米
石存地點：呂梁市柳林縣穆村鎮康家溝村龍潭寺

嘗聞神有栖靈之所，人有致敬之壇，神之祀典由來久矣。是知莫爲與前，雖美不彰，莫爲與後，雖盛不傳。神之爲靈如是，而人不可致敬昏昏矣。今因中陽、石樓分疆之間舊有白龍廟一座，故以名。其地正建龍王，位左設山神、土地祠、東窑、西房，歌舞台南面而立，不識創於何年，始於何人。考之古碑，補修於乾隆丙子年間。迄今歷年久遠，廟貌凋殘，又遇民國八年地動大震，坍塌不堪，椽瓦損壞，如綴旒然，不克以蔽風雨，何以栖神安？時逢歌舞樂樓窄狹，不稱厥觀，乃因公議："神棚仍舊貫而補之，樂樓移動新修。"工程頗大，三年告竣，共費三千餘千文。合社一十二村庄，共地一萬零八百三十畝，沿村排門，逐户按地抽金，民皆欣然樂從，各出囊資以成盛事。將見廟貌煥然可觀也，神靈可安也，民心可歡也。同登安樂地，共歌太平天。凡有董理者、施力者，執技而共襄厥成者書於左，使後人之見者，知斯廟之來由也云爾。是爲序。

前清附貢生梁德昌撰，前清庠生梁守義書。

功德主：梁順昌。

董理人：白玉華、胡貢瑯。

施力人：劉孟元、馮學元、胡士儒。

泥匠李昇殿，木匠薛清和，鐵筆孫永德，丹青劉業祥。

民國十八年六月十二日敬立。

流芳

重修□□龍神廟碑記

嘗思先人之修廟立石非不善也工匠之造像非不美也若無後人之補葺剝雕葛必屢雜美必損

英川湖屯村自弘治年間始建八龍神廟二所廟宇高峻聖像莊嚴永炙有應咸則有靈

民之受惠非淺奈歷年久建風雨剝蝕其工程莫不凋敝焉兹以闔村耆老公議引伐神山松林

殯貴銀洋壹千圓整斜工起造盖之營之不日成之八龍廟龍神廟以及牛王馬王廟神山神

五道各廟宇一應補修河渥龍神廟正殿爲四檻爲五楹四明碑紀功載吾焕然新則先人

之建貴於以不廢後人之補葺於以有綫因以誌不朽云爾

張雕

經理人　劉富有
　　　　江湧端
　　　　張富

　　高小輔當　生劉桂權拜撰
　　　　　　　張科元敬書

　　脩河淮龍王正殿
　　大廟

八龍廟河淮龍王樂樓東泥
　　　　　邵傳智
　　木泥　柴正珍
　　木泥匠程玉子

石　画　張湛
　石智如萬

大中華民國壹拾捌年八月初旬

1072. 重修八龍廟龍神廟碑記

立石年代：民國十八年（1929 年）

原石尺寸：高 106 厘米，寬 46 厘米

石存地點：忻州市寧武縣石家莊鎮川湖屯村

〔碑額〕：流芳

重修八龍廟龍神廟碑記

　嘗想先人之修廟立石，非不善也；工匠之造作，非不美也。若無後人之補葺，則雖善必廢，雖美必損矣。川湖屯村自弘治年間，始建八龍廟、龍神廟二所，廟宇高峻，聖像莊嚴，求則有應，感則有靈，民之受惠非淺。奈歷年久速，風雨剖蝕，其工程莫不凋蔽焉。是以闔村耆老公議，刊伐神山松林，□賣銀洋壹千圓整。糾工起造，經之營之，不日成之。八龍廟、龍神廟以及牛王、馬王、河神、山神、五道各廟宇一應補修；河灘龍神廟正殿易四楹爲五楹，四明磚妝，功成告□，煥然維新。則先人之建修，於以不廢後人之補葺，於以有繼，因以誌不朽云爾。

　高小肄業生劉桂權拜撰，張科元敬書。

　經理人：張鑑、劉富有、江涌瑞、張富。

　修八龍廟、河灘龍王樂樓、河灘龍王正殿、大庙。

　木泥匠：邢福智、宋正孩、程五子。石匠：智如寯。画匠：張淋。

　時大中華民國壹拾捌年八月初旬。

永垂不朽

重修廣勝下寺佛廟序

邑東南城寺名勝地也山下佛廟建築年久傾圮不堪遠近遊者無不觸目傷心頓欲修葺上……

署理趙城縣縣長晉城張夢曾督修 邑紳許貫紹

邑紳許貫紹 康寫書篆額

趙書田撰文 丹心

後起人邑紳王澤閻 張瑞玭 王福簧

李宗釗 劉元釗 許 賈元釗 王玉山

監工 李聯標 王成章 張恩溥 張家禮 衛有德

韓大德 韓存義 石宗海

中華民國十八年歲次己巳五月吉立

1073. 重修廣勝下寺佛廟序

立石年代：民國十八年（1929 年）
原石尺寸：高 132 厘米，寬 64 厘米
石存地點：臨汾市洪洞縣廣勝寺鎮廣勝寺

〔碑額〕：永垂不朽

重修廣勝下寺佛廟序

邑東南廣勝寺，名勝地也。山下佛庙建築，日久傾塌不堪，遠近游者無不觸目傷心。邑人頻欲修葺，輒因巨資莫籌而止。去歲，有遠客至，言："佛殿繪壁，博古者雅好之，價可值千餘金。"僧人貞達即邀請士紳，估價出售。眾議以爲："修庙無資，多年之撼，舍此不圖，勢必墙傾像毀，同歸一盡。"因與顧客再三商確，售得銀洋一千六百元。不足，以募金補助之。爰於十八年三月動工，新建東北磚窑一孔，重修廟內大殿三處，西南角又添置洋式門一所。其餘東西廊房、左右圍墙，壞者補之，傾者築之，一切經營，大壯舊觀。至十月而告竣。同人等不欲没此盛舉，問序於余。余曰：庀工鳩材，修理之□事，無足异，所异者，在以壁像而易巨金耳。朔自佛庙之建，始於唐貞觀年間。吾不知當日所用之砂泥，果由何匠之手而成；所施之彩色，果由何人之筆而繪？是糞土也，不啻珍寶之堆積其上矣。仙人有點石成金之術，豈佛門亦有化土爲金之能歟？夫古寺粉墙，不乏名畫。昔韓文公詩有曰："僧言古壁佛畫好，以火來照所見稀。"足徵寺墙之多繪事也。然□其精於描寫者，亦不過備游客之觀覽，供詩人之歌咏而已，初未聞視爲奇貨而如此之重且貴者也。此壁而得千金之報，則趙氏之連城由來相傳，其價又將何如耶！然佛法無邊，至道在人。是舉也，買者不虞折閱，而傾囊以施之；售者不憚物議，而慷慨以與之。無非睹廟宇之荒蕪，有以大動其慈悲心，共襄贊此數十載難成之盛事也。從兹十方清潔，殿庭嚴肅，風雨不懼其飄零，霜雪勿慮其侵蝕。擊登壇之鼓，瞻如來之尊，參拜有禮，其容以整，實佛之功德所感也，豈人力所能爲哉！因序之，以誌不忘云爾。

邑紳衛竹友撰文，許寓書丹，賈紹康篆額。

署理趙城縣縣長晋城張夢曾督修。

發起人：邑紳□督工李宗釗、許懋、王澤闓、張瑞批、兼監工劉旭、賈元釗、王玉山、王福籌。

監工：韓大德、李聯標、王成章、張恩溥、趙書田、韓存義、石宗海、張家禮、衛有德。

時中華民國十八年歲次己巳五月吉立。

1074. 移建河神碑記

立石年代：民國十九年（1930 年）
原石尺寸：高 161 厘米，寬 75 厘米
石存地點：太原市尖草坪區柴村街道大留村玉皇閣

移建河神碑記

蓋聞天下之事勝於懼而敗於忽。懼者，福之原，忽者，禍之門也。由是，順者從而逆者亡。茲因渠務爭執地点西翟村等恃强築堰，以圖惡霸侵害我村水利。原有黄搶古渠澆灌已非一日，突然滋生事端。況且合同爲證，幫夫錢項是實，自由灌溉遠年。嗣後官渠退水入河，非占我村人民之地不足以爲益。其所占之地，邀請首事人等與地户商辦，永讓官渠占用退水，不出租稞價值。當年決議後，刻石立碑，存記河神廟。至後西村不講公理，仗勢阻止我村使水，釀起爭端，旋經官聽處斷，仍循舊例，由我村自便接使官渠之水。恐違舊章，相安無事。於是民國十三年復重兩造相持，將我古渠蜂擁填塞。乞懇縣署派兵彈壓，以救一村蟻命，而得公平效果。竟至乾隆合同不聞不問，而官渠兩岸所占之地皆是我村人民之地，以理實論，不能無故插入。仗勢郭伊買下温村城灘數項淤地種稻，且與西村蜜約，非侵吞上游無以自利也，以爲壓迫欺矇，何以令人心服？我村雖微，誓死身以爭。上諭裁判，攔河築堰，接水灌地。無奈村小人稀，無力支持，執意天理何容！沖壞官渠退水，無法鋪石修堰。茲經村長磋商，將我原地不足補償兩造，不得分外占據。各持公道爲重，均展水利同使。倘後如有轇轕，以防後人之不然云爾。

本里張亨錫沐手敬撰篆。

立合同約人西翟上碾三村官渠渠長董舒、黄裕種地，古登、張士明等，茲因渠水互訟太老爺案下。蒙□明白，每年許古食等、從舒等，就□幫官渠内自上而下使水□地五十畝三分，不許多□。每年幫官渠夫錢貳千五百文，亦不許多索。自今以後永爲常例，其□每年八月中交送，不得歹言爭□。兩造情願遵斷依允，恐□無□，立此合同一樣二紙，渠長董舒、黄裕二人執一紙種地，古登等執一紙永爲後□□。着照合同永遠爲例，如違稟□。

在案人：榮珠、王玉虎、古合明、龍天廟、王有義、古中、張海□。

合同中人：傅靖義、張士明、武富。

乾隆十年八月初三日。

立永遠□合地畝人張存□、古□□、□□、王□□，今因嘉慶十二年二月二十二日被汾水渠溢，將古家岔十三畝短畛□□，河漕東西□子圪塌宋坡等地三百二十□□□流不□耕種。地高河低，并不能□□□□上蘭村烈石□泉水澆灌。今□村公議，情願將此項地畝永遠扎入和□□，傭工修理堤□……十月中每畝地交□石錢□二百文，春季□工修□，夫三□□□名，秋季□夫三百二十名。石頭□夫每年交行，并無□□。□地□之日照此約□□應夫石等項所有□利□……無憑，特立永遠歸合文約據。

和合渠長：苗延照、康正、史印達、于萬基等。

留村説合人：張成光、王□功、榮公、王行等。

中見人：苗朋金、常九□、苗永生、王斗金。

嘉慶十貳年十一月初八日。

（以下碑文漫漶不清，略而不録）

西村説合人：村長靳□慶、張興、王銀周、□□□劉□功。

留村磋商通融持理人：村長張亨□、張富……

民國十玖年六月立。

移建河神碑記

蓋聞天下之事勝於懼而敗於忽懼者福之原忽者禍之門也由是順者從而逆者亡矣因渠務凈扒地點西翟村

哭武浒生爭端況且合同為証幫夫盛項是實自由灘淤逆年嗣後官渠退水入河非沾我村人民之地不足以為

担㮣僑值當年決議後刻石立碑存記河神閣至後西村不講公理使勢阻止我村使水釀起爭端旋經官聽處斷

三年復重兩造相持將我古渠峰攤填塞兑怨縣著派立六彈歷以救一村蟻命而得公平奕果竟至乾隆合同不聞

將入仗勢郭和買下溫村城灘數項洪地進摳且以西村畧約拌侵卷上游無以自相也以為歷迫琪脿何以令人

入稀無力支持凱意天理何容沖壞官渠退水無法屏石修堤荻經村長磋商將我原地不足補償兩造不得分外

云爾

《移建河神碑記》拓片局部

利济渠溉滩村东冰滩之地干燥孤即先年沿流冻彻
一股半仝工闸壅之地也把成丰每年以三人帮埋渠工
择地多品端者三人允之数十年把片整断多嗽
药生卒者恒非有地清咸丰十一年村人重行改良
鏙进益缘风超矣去年春於腾村长拟修整渠姬然
之计因集集泉公议乃决定择地多者编仍以三十夫
班每年按班轮流允五年轮编修整把孤多年
降从此表制有定财政公用庶众兴镶进当辦之弊矣

杨生柱萬金铭

村副卷书楷杨雍温
郭骏图杨寿凯

楊

元国十九年季冬上浣

1075. 利濟渠碑

立石年代：民國十九年（1930 年）
原石尺寸：高 70 厘米，寬 65 厘米
石存地點：臨汾市洪洞縣堤村鄉北石明村

　　利濟渠溉灌村東汾灘之地千餘畝，即先年汾流東移□□一股半，合工開墾之地也。地成，每年以三人督理渠工。□□弊生，督工者恒非有地。清咸豐十一年，村人重行改良□□，擇地多、品端者三人充之。行之數十年，把持壟斷之弊生，□鑽進夤緣風起矣。去年春，余忝膺村長，擬休整渠規，爲□□永逸之計。因集衆公議，乃決定擇地多者編爲三十夫，□□五班，每年按班輪流充膺。俟五年輪遍，仍以地畝多寡□□□降。從此夫制有定，財政公開，庶無鑽進營□之弊矣。

　　村副：楊生杰、秦書楷、郭駿圖、馬金銘、楊旌善、楊壽凱。

　　楊端□□。

　　民國十九年季冬上浣。

重浚河東淮碣記

凡做事之成敗世物之興衰雖屬天運術環地脈流運亦藉人力維持即其天運雖否非得人而何興令力既勤遂轉否石成春

天人相賴運力相需而物事之機成之必矣若我大留村河東老淮地四百餘畝自光緒十八年汾水丈漲由苗家堰冲開將我

老淮已流成河當時鄉中執事不忍神手坐視任重懇求青天閻恩慈悲發給津貼伐是排事父老勞碌振堰萊堤上蓋新

閘正心渠一道上至烈石口下至漫稍頭兼能樹訖五谷而成種矣追至廿六年泛波濤水勢搪流地塌成河賠廿餘牛物

盡力竭誠有葉家逃窳之戶恨生廟元之人愁苦之狀未有甚于此時後果被漂泉泉皆志之心灰似有罷工之意惟張勤熱為約素

顚遂雨聚泉即議廓堕壘壟築堤而村小力薄有洞坐落枯區恐其不堅後果被漂經數次嗚呼如我正心渠疏通集萬

高丈許長鋪八百餘里步者村者之經理修堰長造簿錄即招夫六十餘名張勤政隣聞其吉念府

從復興工旦夕而起又將我淮近何建優顏之憂殷哉張心如金石有志之功成于此不從人漂經數次嗚呼如我戎

堤遂築堅增高倍後而且分水遍近何建優顏之憂殷哉張意欲修建紀念公議無不慨然而樂揮於村之東北建設神廟一

河神廟誠心許顧五次復感每逢六月聖誕擬供三期惟張一意欲修建紀念公議無不慨然而樂揮於村之東北建設神廟一

所不日工成告竣羨張亨瑞善願已完故萊立石勉且俚言表著勝舉題註芳名永為後人之讚譽矣

陽邑儒學生員張守仁沐手敬書

管　張亨瑞
總

理　古守溫　張生榮
紀　張亨吉　張昌武

協
理　張有珍　張榮武　古守元
　　王務禈　王亨祥　張亨如
　　古本銘　萊菊仁　為命　為祥

恆年渠長古守長
　　　王張萬本珍

張亨忠

村長張萊禧
村副張生禧

風鑑王九如選擇

民國十九年

吉日立

1076. 重淤河東灘碑記

立石年代：民國十九年（1930 年）
原石尺寸：高 161 厘米，寬 75 厘米
石存地點：太原市尖草坪區柴村街道大留村玉皇閣

重淤河東灘碑記

凡做事之成敗，世物之興衰，雖屬天運循環，地脉流運，亦藉人力維持。即其天運雖否非得人而何興，人力既勤遂轉否而成泰。天人相賴，運力相需，而物事之機，成之必矣。若我大留村河東老灘地四百餘畝，自光緒十八年汾水大漲，由苗家堰冲開，將我老灘已流成河。當時鄉中執事不忍袖手坐視任重，懇求青天開恩，慈悲發給津貼。於是執事父老勞勞碌碌，振堰築堤，上諭新開正心渠一道，上至烈石口，下至堰稍頭，兼能樹藝五谷而成種矣。迨至廿六年，泛漲波濤，水勢橫流，地塌成河，賠粮廿餘年，物盡力竭。誠有弃家逃竄之户，恨生願死之人，愁苦之狀未有甚于此時者。於民國九年，幸感本里村長張，勤政憐恤，聞其苦，念□瘼，遂爾聚衆即議壓堰築堤圍灘。擇舉歷練老成，聯合五年，同爲經理修堰長，造簿録，即招夫六十餘名，采稍運石，修經數載。堰高丈許，長鋪八百餘步。更所慮者村小力薄，有洞坐落枯區，恐其不堅，後果被漂。衆皆志之心灰，似有罷工之意，惟張勉力約衆，從復興工，且夕而起，又將我灘屢年淤泥灌溉禾稼，而水利於人莫大矣。孰意天不從人，漂經數次。嗚呼！如我正心渠疏通渠道，堰堤筑堅，增高倍後，而且汾水逼近，何患侵頹之憂？毅哉！張君心如金石，有志功成于此，河神廟誠心許願，五次復成，每逢六月聖誕，擺供三期。惟張君意欲修建，糾衆公議，無不慨然而樂，擇於村之東北建設神廟一所，不日工成告竣。羨張亨瑞善願已完，故兹立石，勉具俚言，表著勝舉，題注芳名，永爲後人之贊譽矣！

陽邑儒學生員張守仁沐手敬書。

風鑒王九如選擇。

總管：張亨瑞。

經理：張生榮、古守温、張亨吉、榮昌武。

協理：古守良、張亨如、張富元、張亨祥、榮叙武、張狗祥、張有祥、張長命、王珍、榮萬仁、張務本、古千、王鳳耀、榮萬銘。

值年渠長：張亨忠、古守良、張務本、王珍。

村長張亨瑞，村副張生讓。

鐵筆侯瑞珍。

民國十九年吉日立。

1077. 開渠灌地碑記

立石年代：民國十九年（1930 年）
原石尺寸：高 118 厘米，寬 68 厘米
石存地點：朔州市朔城區南榆林鄉辛寨村龍王廟

〔碑額〕：永垂不朽

斜道官幹渠经理人：劉永吉、齊克成、齊士成。

壩堰渠經理人：牛映成、齊克成、胡仲友、齊崇。

仁義渠經理人：孫蘭、孫旺、牛清雲、孫棠。

大欠渠經理人：齊克均、齊克昌、張富華、牛清淮、齊士貴。

六泉頭渠、□泉頭渠、□□頭渠經理人：齊克□、齊士□、齊□□、齊□貴、齊崇、孫棠、齊存、孫福元。

東大渠經理人：齊克成、齊克峻、齊士貴、齊弼、齊存、閆潤。

齊弼敬□，齊嘉敬書。

石匠：王領。

1078. 更深掘井文

立石年代：民國二十年（1931 年）
原石尺寸：高 36 厘米，寬 75 厘米
石存地點：運城市新絳縣陽王鎮南池村

更深掘井文

自飲血之風息，而鑿井之功開，故井養無窮，《易·象》言之明矣。茲巷古有井一眼，深三百餘尺，每天出水十餘担。遇逢旱年，西溝各井乾涸，亦以此井出水有限，村人等皆在鄰村取水，其困難爲何如耶！迄今户口日繁，人數增加，既取之而不禁，難用之而不竭。蓋有井之名，而幾無井之實也。民國乙巳年，饑饉之歲也，井眾感其不便，欲更深之，而經濟出自無着。有仁人義士史玉柱、史熾昌、史石閣，茲三位願接濟款洋更深井，而豐年收補之。合井人等皆眾口贊同，遂擇吉於乙巳全月動工，至庚午年六月工竣，更深五十餘尺而始及泉焉，滋養千萬人而終難竭也。夫豈一時之利也哉！固將萬世無窮焉耳。事成而求序於余。余雖不文，深樂其功之大而利之普也，因濡毫而爲之記，以垂不朽云爾。

史熾昌洋伍拾元，史春合洋二十六元，史二榮洋三十元，史和智洋二十元，史時來洋十四元，史興泰洋三十元，史狗娃洋十二元，史夢龍洋十一元，史換子洋十三元，史揚發洋二十元，史全兒洋十五元，史玉柱洋二十五元，史石閣洋二十六元，史成兒洋二十五元，史三子洋十元，史夢喜洋十元，史和尚洋三元，史安兒洋七元，史元娃洋十元，史玉山洋八元，史英和洋十三元，史鎖娃洋七元。古有分、史金鑒、史銘、史寶、史鈺、史玉光、史悦兒、史張合。

民國十九年九月，入井分人史庚申出洋二十五元，史庚白出洋二十八元，史金星出洋四十五元。

首事督工人：史春合、史熾昌、史玉柱、史石閣。

中華民國二十年三月吉日立。

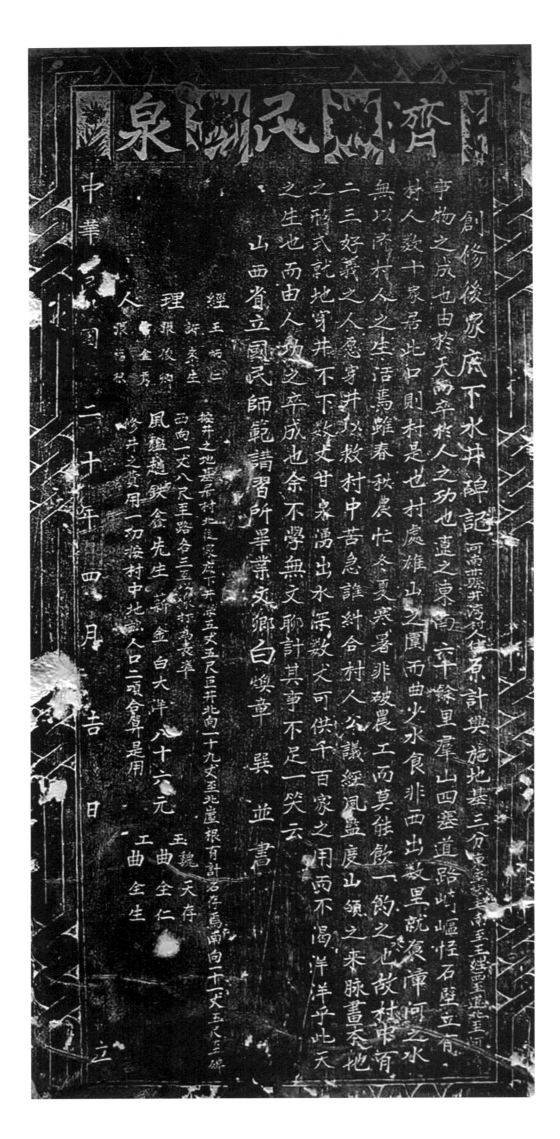

1079. 創修後家底下水井碑記

立石年代：民國二十年（1931 年）
原石尺寸：高 143 厘米，寬 54 厘米
石存地點：晋中市左權縣粟城鄉口則村

〔碑額〕：濟民泉

創修後家底下水井碑記

　　事物之成也由於天，而卒於人之功也。遼之東南六十餘里，群山四塞，道路崎嶇，怪石壁立，有村人數十家居此，口則村是也。村處雄山之圍，而曲少水食，非西出數里，就食漳河之水，無以濟村人之生活焉。雖春秋農忙，冬夏寒暑，非破農工，而莫能飲一勺之水也。故村中有二三好義之人，願穿井以救村中苦急。誰糾合村人公議，經風監度山嶺之來脉，畫本地之形式，就地穿井，不下數丈，甘泉涌出。水深數丈，可供千百家之用而不渴。洋洋乎！此天之生也，而由人功之卒成也。余不學無文，聊計其事，不足一笑云。

　　山西省立國民師範講習所畢業文卿白焕章撰并書。

　　經理人：王炳仁、許來生、張俊卿、□金秀、張福根。

　　按井之地基，居村北□家底下，井深五丈五尺，巨井北向一十九丈至北崖根，有計石存焉。南向一十一丈五尺至碑，西向一丈八尺至路，各三至以□，打爲表準。

　　河南林縣井灣村人仕原計興施地基三分，東至□主，南至王姓，西至道，北至河。

　　風□趙鐵鑫先生，薪金白大洋八十六元。

　　修井之費用一切按村中地畝、人口二項合算是用。

　　玉工：魏天存、曲全仁、曲全生。

　　中華民國二十年四月吉日立。

永息争端

1080-1. 石城甘棠興修水利碑（碑陽）

立石年代：民國二十年（1931 年）
原石尺寸：高 167 厘米，寬 66 厘米
石存地點：臨汾市大寧縣昕水鎮石城村

〔碑額〕：永息爭端

慨夫時維訓政，建設宜殷，首先利民者，莫過水利。吾甯西川割口至甘棠，中隔石城，相距雖達十里，而地土毗連，地臨河沿，聯可興□水利，前□□□□談，終未舉行。直至民國十八年，由石城村李從真、甘棠賀俊才等君，詳審地形，似能興辦，遂不憚勞煩，延請工師，細爲平量。從河底溝口開渠，□□□□鏟鑿，卑處填槽，從堰首到渠尾，相流十餘里，能灌兩村，澆地二百餘畝。平量成就，商諸兩村，欣有地者均相樂從。惟人心不固，懈怠旋生，遂呈□□□行政長藺公，同藺主裁。多蒙督飭，自開工以至告成，每必到場監察，勤者施以獎勵，惰者加以申斥，從此團體結合，人心一德。始照原來□□□□□夫，半由匠作，將此工程完成。先後需時二年餘，費洋兩千餘元。統計石城村能灌地百餘畝，甘棠村能灌地百餘畝，從此前爲旱區，今爲水……今爲沃腴。此雖經理人之功，實區長督察之力也。但恐日久生□，破壞渠利，特商同諸渠份，共名此渠爲"同利渠"，磋議規則，以爲永久……併將此渠之來歷，與經理督察之勞續，臚列叙明，勒諸貞珉，用垂不朽云爾。是爲序。

茲將本渠諸渠份磋議之規則附列於左。計開：

一、渠名"同利渠"，永遠遵守，以專名稱。

二、職員：正渠長一名，副渠長二名。每年由有渠份之村莊內，用投票法選舉，管理渠上一……一次，但能連任。協助員四名，亦由渠份之村莊內，於選舉渠長十日內，加倍推舉，或投票選舉，得由渠長擇任其一，經理各村開支……水事宜，以一事權。

三、巡夫：四名或六名。由有渠份之村莊，按地畝科錢，公商公雇，聽渠長指揮，專司巡查，不分晝夜，看照渠上……偷水事務，有時并傳□渠份開會興夫等事，以資轄屬。

四、信守。公刊木質同利渠長方圖記兩顆，由渠長保管，遇開通知或……信守。

五、權限。渠長、協助，均爲名譽職。但渠長在全渠上有督率表決之權，協助有參與可否之權。但得同意，倘有瀆……由渠份三分之二以上會議推翻，另選補替，以重職權。

六、會議。定爲經常、臨時兩會。經常會以陰正月二十、八月二十兩次……臨時，或由職員建議，或由渠份十人以上之請議，臨時招集。會費及渠費，均由各渠份按地畝分擔，以定區別。

七、渠上規法。

……堰塌，工程浩大，從渠首到渠尾，凡有渠份者按地分擔外，其他平時修渠，不拘在春在秋，得臨時公議分配。

乙派水法：定爲……露光至翌日太陽露光爲一日，周而復始。凡接水□地者，未到時期，地已灌完，毋得私自讓與他人或泛流，祇許推於下水接灌，即……許□自灌溉，只得聽接水者接灌，縱自己地未灌完，只得俟派期輪過，再行公議補灌。

丙輪日法：石城村所轄地畝，每日夜灌地……日夜灌地一十六畝。延前者，每日夜灌地

一十三畝，灌足畝數，推於下水，勿得朦朧多灌。

　　丁興夫法：按占水天數或畝數興工，每……傍晚五起論工。凡遇興夫，以早到、全到爲目的，倘有延誤，或故違誤期，按起出洋；誤日者，按日出洋。至工洋之多寡得按農時……（接碑陰）

《石城甘棠興修水利碑（碑陽)》拓片局部

1080-2. 石城甘棠興修水利碑（碑陰）

立石年代：民國二十年（1931 年）
原石尺寸：高 167 厘米，寬 66 厘米
石存地點：臨汾市大寧縣昕水鎮石城村

〔碑額〕：用誌永年

（接碑陽）得較普通加一倍或兩倍，至有應出誤工洋者，雖至輪水期，得將工洋出齊，接水灌地，反是將水隔過，送於□□□洋出齊，何日再灌。

戊護水法：凡有渠份者占水灌地，既到時期，當推下水而不推者，謂之霸水，未到時期□□□□水，由公議決。霸水、搶水，統按偷水論罰。

八、罰制。凡有渠份，因水尚未輪到，而先期偷灌一畝者，按二十元□□□□加，不足一畝者，減等處罰。至無渠份而偷灌者，得加一等處罰，多寡亦同上例加減。不服者送官究辦，以儆□□。

九、鄰近或渠傍地畝，先未隨水，今願加入，不論渠水有無盈餘，得開大會表決，即准加入，得出價在原來攤負□□□□上，倘有少數人構造應付，不論職員或渠份，除將原事推翻外，并按瀆職科論，以昭慎重。

十、本規則自立□□□茲將派定輪流灌地，地主姓名并畝數詳列于後：

第一水：王厚地七畝，馬趙德地四畝，賀安仁地六畝，李□真地四畝，賀鏡平地二畝。

第二水：賀安仁地四畝，白玉蘭地一畝，郝天兴地二畝，賀鏡平地三畝，賀德平地三畝半，王殿□地三畝，賀勝平地四畝半，賀玉平地五畝，王殿瑞地二畝，王殿惠地一畝。

第三水：李□真地六畝，王厚地一畝，賀興平地一畝，賀安仁地七畝，馮陳業地六畝，馬□鎖□□地二畝，王殿元地一畝，王錦地二畝。

第四水：王厚地四畝，張彥貴地七畝，賀興平地一畝，賀安仁地二畝，賀玉平地三畝，賀如蘭地六畝，賀德平杆水地七畝。

第五水：李□真地七畝，賀安仁地八畝，賀如蘭地一畝，賀有平地一畝，賀永平地二畝，白茂林□水地一畝，賀如蘭□水地一畝。

第六水：賀俊□地五畝，賀□鳳地三畝，賀□元地三畝，李青□地八畝。

第七水：賀侯娃地一十二畝，賀俊恭地二畝，賀俊□地五畝。

洪洞縣第三區行政長馮萬鍾撰文，前安澤縣第二區行政長陳凱南書丹。

（以下碑文漫漶不清，略而不錄）

經理人：賀□金、李□真、王厚、賀俊才、賀玉平、賀俊儉。

石匠：丁建昌、丁俊槐、侯銀鎖、黃生福，修水□。

中華民國貳拾年陽曆六月二十日立。

1081. 水利同治碑

立石年代：民國二十一年（1932年）
原石尺寸：高94厘米，寬37厘米
石存地點：原存運城市新絳縣（現已佚）

〔碑額〕：水利同治

嘗讀《詩》而至《國風》之篇，壹則曰"敝予又改爲兮"，再則曰"敝予又改造兮"。可見，整理之说自古皆有，不特今人爲然也。如我村西渠一事，稽老簿所載，開辦於康熙時代，整理於道光年間，至於光緒十二年春，簿内更換經理辦法，又進一次耳。至今民國成立，政治維斯，歷代雖然未久，地主更變不一，老簿登記姓名，所存者寥寥無幾，過水□渠澆灌，難辯魚□之序，以致争先恐後而起争端，輕時口角毆鬧，重則攘成訟案。若不着手修正，合渠受累胡底。發起者有見於此，招集渠内有地人等，推舉經理□議章程，當場與衆商辦，無不欣然樂從。公決後，除將老簿之序登記外，又議定章程十條，刻石存記。各甘遵守云尔。復爲序。

自治講習所畢業，現任西北路第三粥廠管理員周卿裴廷楨撰文，自治講習所畢業縣府重獎上等銀質白色獎章秀齋李文清篆額，高級小學校畢業檢定初級小學校教員雲生龔兆龍書丹。

發啓人：裴廷楨、迪永興、李文清、馬德隆、龔運亨、龔兆龍。

民國二十一年正月吉日立。

白公断案

1082. 白公斷案碑

立石年代：民國二十一年（1932 年）

原石尺寸：高 195 厘米，寬 73 厘米

石存地點：運城市河津市僧樓鎮尹村

〔碑額〕：白公斷案

河津縣府判，□□□□□村李自□、李希忠、陳景淳，蘆莊陳本立、王作鳳，北寺莊吳炳林，南寺莊吳紅保，被訴人干澗村史成章，即岳山史明智、史平穩，右□□造，因水利□□，狀訴到府，經本府迭次查勘，根據歷史成例及双方所執理由，特爲審理。判決如左：

（主文）干澗村新挖渠道，着令即日堵塞，恢復原狀。并援照決水賠糧之規定，賠□□村大洋一百□。

（□實）緣本縣縣北紫金山有三峪，名□神峪、瓜峪、遮馬峪。神峪之水爲清水，瓜、遮二峪各有清有濁。而瓜峪之水下流，又分三澗，東曰天澗，中曰南下大澗，西曰西長□□。□峪清水由□石渠下流，澆灌東午澗里、魏家院等村地畝。濁水由西長大澗澆灌孫彪里、東光等里之尹村、蘆莊、寺莊、南北方平、長壕、樊村等村地畝。遮馬峪清水由分水塘分渠，下注引□□□□□固鎮等村地畝。濁水澆灌曹家窑、任家窑等村地畝。清濁分明，引灌各异，水榜糧册，均有規定，各村循守舊規，歷有年矣。本年七月十二日，干澗村史岳山等忽黃夜率衆，手持杴□，在西長大澗兩旁，將久經閉塞之馬遷渠、魏家渠私自挖開，引用瓜峪濁水澆灌其地。尹村、蘆莊、寺莊等村水利代表李自英等，以該干澗村侵盜濁水，防害下游水利，向本府告訴。據該代表等前後狀稱，所持唯一理由，歷經判令堵塞之渠口，不能復開。且謂用水舊例，應用清水之村，不得再用濁水。西長大澗并無干澗村清水渠道，清濁既別，糧亦迥异，若任其在大澗兩旁，將已死之渠復開，勢必假清盜濁，紊亂水規，懇請制止，并呈送雍正、道光石拓碑記，及引水渠道碑圖在案。據該干澗村代表史岳山等前後狀稱，所持唯一理由，謂澗東、澗西原有伊村清水渠道，清濁同出一轍，若要堵塞清水，無渠引灌。且稱伊等所挖，并非馬、魏二渠。又謂尹村在柳林渠口築堰，高出□底五六尺，逼水橫溢，漂沒民村田地甚多等語。本府以水規一經紊亂，□紛愈多，益不可解，因即派員履勘，明確勸令該干澗村將私自挖開之渠，仍令堵塞，恢復原狀。乃一再宣諭，迄不遵行，應予以判決。

（理由）該兩村所爭之點，以瓜峪西長大澗兩旁，是否有干澗村清水渠道爲主要。細查舊制，明洪武二十二年，刑部侍郎凌公奉旨詣津視察水形地勢，規定水榜糧，則將瓜、遮兩峪之水按清濁與各村分定。其糧則規定，因清水人户不能使用濁水灌地，每畝去糧一升五合，加入濁水人户地内。故濁水出峪時，不許清水人户阻擋抑塞，違者須替代納糧。又查雍正七年縣令張公水利詳文，内載各村應用清水、濁水者，不應用遮馬峪清水之村，不得偷用瓜峪濁水，即遮馬峪清水之村，亦不得偷用遮馬峪濁水，此歷來用水之成規等語。根據上述舊例，該干澗既屬遮馬峪清水人户，絕不能在瓜峪西長大澗兩旁開渠，侵盜濁水人户之權利。因西長大澗爲孫彪、東光等里濁水路徑，若再容干澗清水徑行，不惟清濁混淆，變亂成規，且互相攪擾，糾紛愈多。此其一。至該干澗村謂清濁同出一轍，澗東、澗西兩渠爲該村清水渠道，此次掘開，係疏浚澗東、澗西之渠，并非圖據濁水等語，翻閱歷來檔案，并無澗東、澗西渠名。該村所謂澗東、澗西之渠，即係澗東之魏家

渠，澗西之馬遷渠，此二渠前清康熙、雍正、嘉慶、道光等年，歷經控案，無一不判令平塞。直至民國五年，因此興訟，又判令堵塞。十數年來，相安無事，今乃死灰復燃。又將久經判令堵塞之馬、魏二渠擅自挖開，謂非圖擄濁水，其誰信之。若云清水無道，不能澆灌，則在未挖此渠以前，該村年年澆灌地畝，十數年來，清水究行何道，豈非該村將清水渠道平塞，復行挑開西長大澗兩旁馬、魏二渠，實施藉清盜濁之術，利用此渠以行清濁并吞之計，朦朧官庭，以逞刁訟之能？若任該干澗村逞私引用，勢必以清帶濁，與尹村濁水有碍，惟恐清濁之用不分，則清濁之訟不息，故不令清濁混淆，以杜爭訟之源。此其二。查干澗村向來應用之清水是遮馬峪流出之泉水，瓜峪并無規定該村之清水所有。該村澗東地畝向由遮馬峪下游東流，口圪杈渠引用之清水，在西長大澗東西兩岸橫架木槽，名曰渡水橋，流水澆地，行之多年，并無不便。今乃捨舊道而不由復在西長大澗兩旁闢開渠道，以致清濁混淆，破壞成例。此其三。再瓜、遮二峪之水，各有清濁之分，按歷來用水成規，凡屬清水人户不得再用濁水，一以清水之長流，而濁水偶發，若令清水人户再用濁水，則偏苦懸殊，故當日規定水有繁稀，糧有輕重，清濁攸分，相沿已久，不得紊亂。此其四。又該干澗村代表史岳山等，稱西長大澗并無尹村濁水渠道，考諸明時凌公改定水地收科，孫彪、僧樓、東長、光德四里，按上中下包糧，與清水人户共包糧二百六十四石五斗五升三合五勺。孫彪里爲上水地，以四六包糧，共包糧一百五石八斗二升一合四勺。尹村爲孫彪里之首，何得謂西長大澗無尹村之水乎？復查雍正七年碑記，文內西長大澗即有柳林渠引用濁水之記載，該柳林渠爲尹村渠道，惟時即有此渠，迄今尚在，歷代相沿，未聞令其閉塞。假若無有其水分下游各村，豈能任其侵占，拋弃權利於不顧耶。現有水榜碑記及渠圖石刊墨拓，歷歷可考，更何得謂之無有其水分。此其五。至云柳林渠口高出澗底五六尺，以致山水泛溢，漂没該村田禾等語，殊不知該村居上，柳林渠居下，相去里許，高低懸隔，水性最下，順坡則流焉，有逆水上流之理？即便溢出澗外，亦雨水無情，非關人事。矧乃自開渠道，將水引入，希圖擄用濁水，不曰灌溉，反云漂没，有目共睹，豈容掩飾？退一步言，尹村柳林渠縱有築堰，澗底加高，亦是妨害下游水利，下游人户尚且不言，該村何容曉瀆，況勘驗并無新築壩堰。此其六。總之，瓜遮兩峪之水清濁分明，各行其道。瓜峪西長大澗兩旁，絶不容少予通融，致滋假清盜濁之弊。至尹村柳林渠口相距干澗里許，水性向下，與該干澗村、蘆田當無妨碍。

依上論結，該干澗村不守舊規復開，久經斷令堵塞之渠，盜決濁水，妨害下游水利，殊無充分理由。尹村遵照舊例，力爭堵塞，自無不宜。本府爲維持舊規，杜絶後患起見，判令該干澗村將瓜峪西長大澗兩旁所挖渠口，即日堵塞，恢復原狀。至其盜用濁水，有犯水規，應援照按畝賠糧之例，由本府酌量。着該干澗村賠償尹村、蘆莊、寺莊大洋一百元，以示儆戒。此判。再該村糾衆抗拒，包衛本縣長於村中廟內，以致不能執行職務，顯犯刑章，另案辦理。

縣長白佩華，承審朱光第。

民國二十一年八月二十四日。

《白公斷案碑》拓片局部

1083. 鐵案千秋碑

立石年代：民國二十一年（1932 年）
原石尺寸：高 200 厘米，寬 80 厘米
石存地點：臨汾市洪洞縣趙城鎮

〔碑額〕：鐵案千秋

霍縣郭莊、辛置、北村、南下莊等四村，違案築壩，障礙泉源，趙、洪、臨三縣八渠代表，稟請山西省政府建設廳，委派□委員，會同三縣縣……紀念：查趙城、洪、臨三縣，分別所屬四十八村，各有聯合渠道，曰"通利""式好""潤澤""兩濟""上廣濟""下廣濟""下河""善利"八渠，澆灌地畝統計一千五百餘頃，養……歷代相傳，利賴無窮。各渠口雖同在趙、汾一帶汾河內分別扎壩上水，而各渠源頭咸以郭莊、陳村交界處汾岸古有之五龍累山、普濟各大小泉源爲來脉。所以……正當之保護，斷不……以□害行爲溯民國八年，郭莊、辛置等村，請□省□，藉興水利，在五龍等泉之下創開渠道。旋經臨、洪、趙三縣代表范晉綏等呈，蒙省……爲下游之源頭……於下游□免妨害。因原款提回，禁止該村渠工。指令霍縣公署仍隨時查察，勿任修浚，致啓爭端爲要，有案可考。至民國十三年，郭莊又在該……八渠人員席東生等稟報省署。蒙委河東崔道尹轉飭河津蔡縣長、襄陵畢縣長會勘，該渠實爲下游妨害，議令填塞，會同臨汾湯縣長、洪洞李縣長由下游……一千八百吊，交由霍縣公署經收，照議拆壩填渠，呈報省署備案，并聲明普濟泉之水，涓滴不能滲入。嗣後郭莊等村，禁止繼續開渠……今煌煌先……無刁翻之餘地。詎劉興榮等，死灰復然，蔑視公令，忽於本年陰三月間，在五龍等泉百步之下汾河當中，橫砌石壩，高有丈餘，闊□□□□□汾流障礙，就下……水成泊，淤塞五龍等泉眼，毀滅源源而來之命脉。八渠代表席東生等，因命脉關係，急起直追，以連案築壩截流毀泉等情，稟請趙、洪、臨三縣，□催霍縣公署督令拆壩，并公□稟請省政府建設廳照案查□各在案。乃劉興榮等妄以"泉爲霍縣之泉，八渠不得越界爭水"等詞，無理頑抗，強圖刁展。當蒙建設廳來電，令霍縣縣長迅速查處，嚴禁該郭莊□筑□壩，障礙泉源，復蒙□府委陳委員昌五、建設廳委關委員俊彥到趙，會同王縣長并洪洞海縣長，臨汾縣長，根據民八、十三兩年成案，督令……水利爲要。旋，洪洞海縣長調□聞喜，孟縣長榮任，臨汾湯縣長因事調省，劉縣長榮任。各縣長對於本案更屬熱心，洪洞縣派建設局長董子衡、臨汾派建設局長李雨田駐趙會同進行，業於七月十九日陳關兩印委，赴霍監督拆壩。雇工百四十餘名，工資一百四十餘元，工作三天，該壩完全拆淨，所有淤漫各泉源，同時掏挖。惟時當夏令，汾水連發連漲，鑿泉工作尚未十分走到，准於秋後水落，由八渠繼續進行，完成正本清源之手續。除陳關兩印委會同三縣將辦理情形會報省府□□。復蒙省府指令內開呈悉，該郭莊村所築壩堰，既經該印委勘查明確，妨害下游水利，□督工□□，和平解決，足證辦事有方，殊堪嘉尚。除令霍縣縣長隨時注意，勿任郭莊人民再有築壩情事，致滋事端，外仰即知□此令□，蒙建廳指令，山□開此案既經授該委□查照成案，□郭□□□堰拆毀，和平解決應備案外，代表等以□關□□民生利賴，謹將民八、十三兩年經過情形并本案顛末，摘要統叙，勒石垂久。深望八渠同仁，同興袍澤之情，努力合作，共勵繼述之□，□□須固如能開源節流，水利均沾，八渠實深□□□□特此碑誌，永作紀念云。

……楊輔國撰文，受業北平民社編輯員武順成書丹，前清優生省立醫學畢業張旋旌校正。

......

四等嘉禾章簡任職存、記署理臨汾縣縣長劉玉璣。

署理洪洞縣縣長孟元亮。

八渠代表：

（以下碑文漫漶不清，略而不録）

石工師生福。

時大中華民國二十一年國曆九月九日。八渠公立趙府儀門。

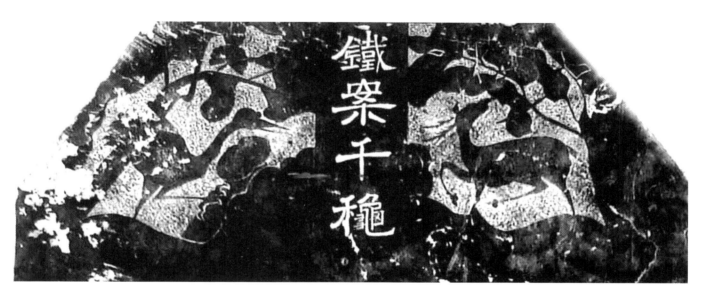

《鐵案千秋碑》拓片局部

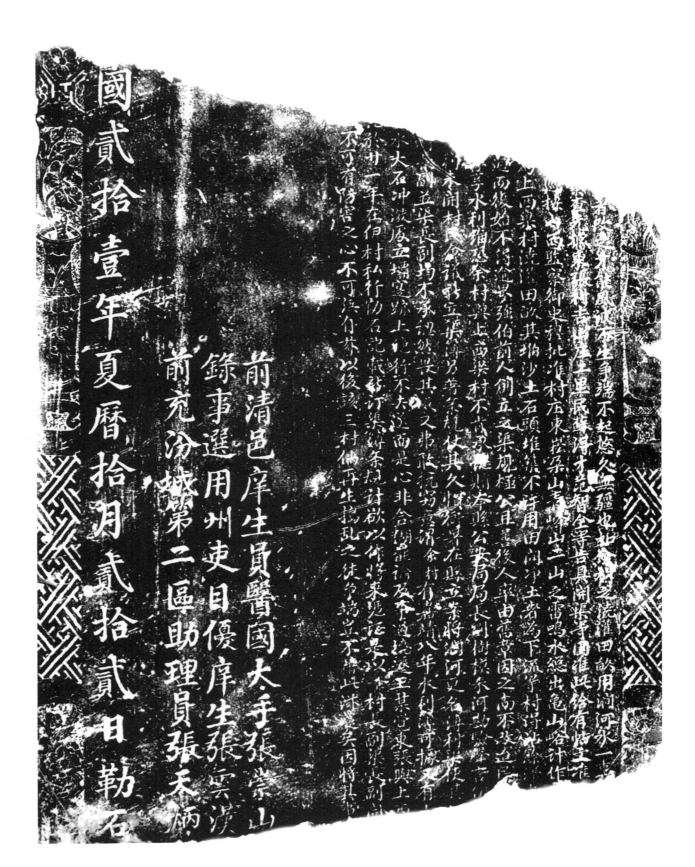

國貳拾壹年夏曆拾月貳拾貳日勒石

前清邑庠生員醫國大夫張崇山
錄事選用州吏目優庠生張雲漢
前充汾城第二區助理員張天炳

1084. 東張村上西梁村吉山莊村因澗河水争執碑記

立石年代：民國二十一年（1932 年）
原石尺寸：高 152 厘米，寬 70 厘米
石存地點：臨汾市襄汾縣

……者改之，才能風波不生，争端不起，悠久無疆也。如□村之澆灌田畝，用澗河水一重……查无據。東張村、吉山庄二里民蘇得才、范智全等告具開渠，等因准此，给有帖文，准……巡按、山西監察御史穆批准，村庄東崧朵山、青峰山二山之雷鳴水總出龟山峪，計作……爲上西梁村澆灌田畝。其堆沙土石頭堆築，不許用田間净土者，为下流等村得沾餘澤……周而復始，不得逾界强伯〔霸〕。前人創立之渠規，極公且善，後人率由舊章，因之而不改。迨民……享水利，唯恐余村與上西梁村不肯承認，賄本縣公安局局長劉樹模来河勘驗，聲言……利，未開村民會議，新立渠簿，另著條規。仗其久慣銜署，在縣立案，將澗河更名溥利渠，使其……長副并渠長副均不承认。然畏其威，又弗敢抗。窃意謂余村有嘉靖八年水利簿可據，又有……水大石冲激處立壩，實迹上絶行不去，遂面是心非，含糊罷論。及事过境遷，王某覺東張與上西……於廿一年在伊村私行勒石記載，新訂渠簿條規，計欲以作將来憑證。是以余村長副渠長、副開……不可有，防害之心不可無。自兹以後，該三村倘再生捣乱之徒，争端豈不藉此沐是矣。因將其事……

前清邑庠生員醫國大手張崇山，録事選用州吏目優庠生張雲漢，前充汾城第二區助理員張天炳……

……國貳拾壹年夏曆拾月貳拾貳日勒石。

重修善因泰寺龍王廟碑誌

常泰寺龍王廟兩處互相眦連帶虎籍戴盤踞街心建自宋咸平五年沿明弘治七年隆清康熙五寸　寶先後重修

迄今三百餘載矣久經風雨優蝕垣宇傾頹瓦肖棟折神像凋敝村中父老過斯地者咸目擊心傷處祈禱無地感……

山西絲業專門學校草黃……

中華民國二十二年五月十五日

1085. 重修常春寺龍王廟碑誌

立石年代：民國二十二年（1933 年）

原石尺寸：高 165 厘米，寬 70 厘米

石存地點：長治市黎城縣黎侯鎮岩井村常春寺龍王廟

重修常春寺龍王廟碑誌

嘗聞莫爲之前，□美弗彰，莫爲之後，雖盛弗傳。創始者難爲功，善後者亦非易也。

黎邑岩井鄉舊有常春寺、龍王廟兩處，互相毗連，龍虎巍峨，盤踞街心。建自宋咸平五年，沿明弘治七年，暨清康熙五十年曾先後重修，迄今三百餘載矣。久經風雨侵蝕，垣宇傾頹，瓦崩棟折，神像凋敝。村中父老過斯地者，咸目擊心傷，慮祈禱無地，議事無所，於斯義念卒發，合衆共謀。於戊午年起而葺之，遂鳩工庀材，往來蹀躞，不辭勞瘁，竭力經營，以冀廟貌煥然，妥神明而壯觀瞻。菩提仁慈，博愛衆生，傳自佛經；龍德正中，雲行雨施，説自《周易》。神道設教，輪回果報，有由來矣。

或謂重修廟宇近於迷信，吾獨謂不然。當今興教育，設學校，辦村政，立公所，脱神權、君權而進於民權，仍舊貫而利之，誰云不宜。奈正殿六楹、陪殿五楹、樂樓三楹、東西廊房十五楹，另有關帝、三官、文昌、山神、土地祠各三楹，工程浩大，村庄瘠小，經費棘措。將公共環抱大柏樹三株及社倉拍賣價洋四百餘元，勃然興工。適庚申歲荒，而維首□漏已歇，異物相繼，乃停工輟修。至癸亥，余家弟耀庭君繼之，至乙丑告厥成工，美輪美焕，鳥革翬飛，神儀彩耀，金碧輝煌。起于民國七年春，終于十四年冬。前後歷八年之久，工之成也誠不易。斯冬，社捐地畝，沿村募化，慶賀神庥。猶幸善人君子樂資捐助，以勸盛舉。事畢，方欲勒諸貞珉，以垂不朽。因事齟齬，竟延遲至今。前春，闔社人等再三提議，勒石告一結束，丏余囑文。遂不揣固陋，謹以鄙俚之言以誌其顛末，實足□高人齒冷，大雅懷羞云尔。

山西斌業專門學校畢業曾任三方面軍副指揮部少校參謀張文蔚敬撰，黎城縣第一高小校畢業省政府發給銀色雙穗獎章張文炤敬書。

維首：張發祥、張發續、張丕烈、張顯明、張國華、史發林、王建辰、張聯魁、張懷禮。

香首：興工張文蔚、張國幹、張丕楫。成工張進喜、張國翰、張發興。立碑張連珠、張懷智、張文言。

汴彰林邑玉工人葛保金。

中華民國二十二年五月十五日立碑。

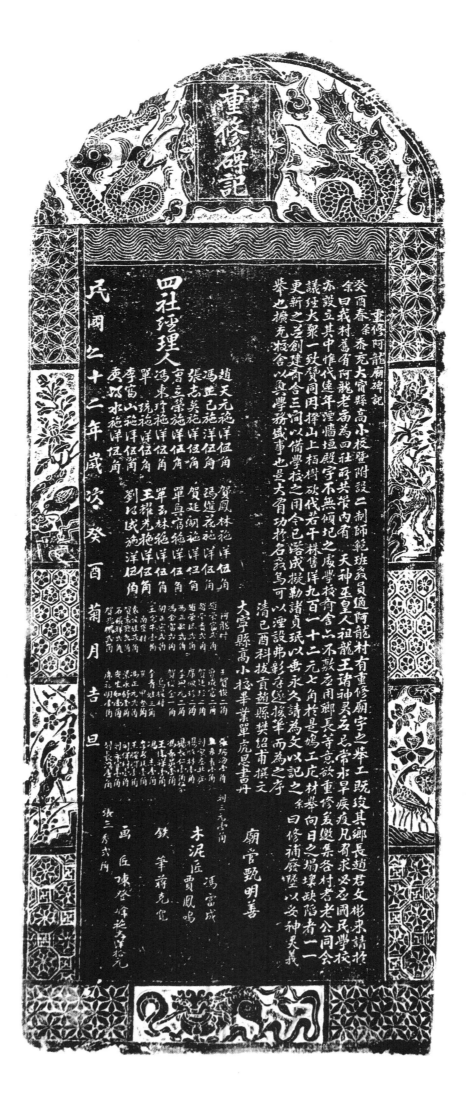

1086. 重修阿龍廟碑記

立石年代：民國二十二年（1933 年）
原石尺寸：高 139 厘米，寬 69 厘米
石存地點：臨汾市大寧縣三多鄉阿龍村阿龍廟遺址

〔碑額〕：重修碑記

重修阿龍廟碑記

癸酉春，余忝充大寧縣高小校暨附設二制師範班教員，適阿龍村有重修廟宇之舉。工既竣，其鄉長趙君文彬來請於余，曰："我村舊有阿龍老廟，爲四社所共管，内有天神、玉皇、人祖、龍王諸神，灵应异常，水旱疾疫，凡有求必应，國民學校亦設立其中。惟代遠年湮，墙垣殿宇不無傾圮之處，學校齋舍亦不敷应用。鄉長等意欲重修，爰邀集各村耆老公同会議，經大衆一致贊同，因擇山上柏樹砍伐若干株，售洋九百一十二元七角。于是鳩工庀材，舉向日之塌壞缺陷者一一更新之，并創建齋舍三間，以備學校之用。今已落成，擬勒諸貞珉，以垂永久，請爲文以記之。"余曰："修補廢墜，以妥神灵，義舉也；擴充校舍，以興學務，盛事也。是大有功於名教，烏可以湮設〔没〕弗彰乎！"遂援筆而爲之序。

清乙酉科拔貢趙縣樊紹甫撰文，大寧縣高小校畢業單虎恩書丹。

四社經理人：趙天元施洋伍角，馮正己施洋伍角，張志英施洋伍角，曹立榮施洋伍角，馮東珍施洋伍角，單統施洋伍角，李富山施洋伍角，庚得水施洋伍角，賀鳳林施洋伍角，馮進花施洋伍角，賀廷湖施洋伍角，單夬富施洋伍角，單玉林施洋伍角，王耀光施洋伍角，劉得成施洋伍角。

阿龍村：趙榮富貳角，趙榮貴貳角，趙榮志貳角，馮正敬貳角，馮金富貳角，胡正宏貳角，王先牛壹角。

南堡村：袁侯娃貳角，賀袁發貳角，石張祥貳角，賀兆鵬貳角，王賀俊二角，曹成富二角，賀廷珍二角，席佩珍二角，李興元二角，賀俊金一角。

烏提村：李青娃三角，崔□三角，馮正元貳角，景永舒壹角，安生如壹角，席禮明壹角，張瑞海壹角，□希貴壹角。

劉家莊北莊：楊順林壹角，楊長仁壹角伍分，馮希英壹角，王法祥壹角，馮傑壹角，李□廷壹角，王耀輝壹角，刘保樹壹角，刘永軍壹角，刘長□壹角，刘三元壹角。

廟管甄明善。

木泥匠：馮富成、賈鳳鳴。鐵筆：蔣克寬。画匠：陳登峰施大洋拾元，張三秀貳角。

民國二十二年歲次癸酉菊月吉旦。

1087. 府君廟新建鐵旗杆壽聖寺重修大石堰碑記

立石年代：民國二十二年（1933 年）

原石尺寸：高 218 厘米，寬 86 厘米

石存地點：晋中市左權縣石匣鄉店上村崔府君廟

府君廟新建鐵旗杆壽聖寺重修大石堰碑記

　　事有創，必有因；廟有建，必有修。從古至今，無不如是。遼西殿上村東有府君廟，禱雨□應，鄰近居民久沐神庥；西有壽聖寺，祥光普照，往來……百年來焚香頂禮，良有以也。乙丑之冬，樊軍环□，所至爲墟。及西進至川口村北，遥望府君廟左右，草木皆兵，疑爲晋軍大集，因而退却……民咸歸功於府君之默佑。因議樹鐵旗杆，以揚聖德。壬申七月，陰雨兼旬，壽聖寺正殿後墻暨南殿脊領，相繼坍塌。衆糾首各……告竣。而南殿外，傍道大石堰被水浸灌，亦忽然傾倒。若不速加修築，不惟殿宇垂危，而妨礙路政，亦非淺鮮。經衆會議，與府君廟鐵旗杆同時并舉。當即分向，各方募化。共得銀幣壹仟貳百餘圓，同心協力，共襄盛事。不數月，遂告厥成。爰誌顛末，勒諸貞珉，用垂不朽云。

　　山西省立法政□門學校畢業前五台定襄稅務□□局委員王國炳，并州學院畢業前河北烟酒事務分局局長現遼縣第一高□小學校校長□□□謹撰。考取乙等小學教員現任殿上村初級小學校校長□□、宋玉容、□清書丹。

　　（以下内容爲布施、糾首人名，漫漶不清，略而不録）

　　中華民國二十二年十月初四日圓滿。

……池記
天下無難為之事……無有為之人，天下更無不成之功，只患乎無必成之志。難而易，易而難也。斯池為古大池……
大中華民國二十二年歲次癸酉孟冬……
山西省立第四中學校……

1088. 督修福壽池紀念碑

立石年代：民國二十二年（1933 年）
原石尺寸：高 186 厘米，寬 79 厘米
石存地點：長治市平順縣龍溪鎮楊威村

修池記

天下無難爲之事，全難乎無有爲之人；天下更無不成之功，只患乎無必成之志。難而易，易而難也。斯池爲古大池，砂磧石層，□水不留。歷來雨集水盈僅耳，故村□又名潽菜池。民國十四年，村人襄福禄改作，功成之後，縣長陳廷璋公題曰"福壽池"，併繫以辭曰："壽堂宋福禄君作池成功，是誠造福一村，立業萬世者！"鄙人躬□□盛，因題名用誌云。福禄既不敢領，又不敢却，隨［遂］名焉。開工於民國十四年九月，池成於十五年七月，記於今年九月。是舉也，以功成之速言，用民止一年耳，而經□□久又不止，自十四年始，二十二年終也。蘇子曰："功之成，非成於成之日，必有所由。"起福壽池之作也，表面觀之，雖作之於民國十四年，實則作之於民國九年，何□□？是時舍弟福祥長村政，感上手村長掏池之苦衷，乃捐私接修大路傍之石橋。功將竣，余適興步測覽，途遇老人宋雲魁，諷之曰："一個破池，掏池接橋何加焉？如□□成石池，才是爲村人造福。"夫此老不過説玄話耳，而斯池否泰之機動焉，余修池之舉萌焉。獨是知之非艱，行之維艱，余固萌修池之意矣！而求所以任勞怨者□□乎其人？乃歸而謀諸舍弟，據答："弟早同此心，惟兹事體大，不敢造次，俟資力有備，決定興作。"越年，余又因當山西省議會議員選，旅省，於是一村數千口之事業□□留保我二人之腹中。至民國十四年，歲頗豐，舍弟連村政者既六七年，積得錢項千餘串，財力有備。時福禄亦家居，乃□續前志，邀村副、閭長、村老商，所以修改□□。畢竟除弊興利，詢謀僉同，雖不免一二責難之人，要無礙大衆不移之論。此修池衆議之所由起也。表□之後，率作興事。一面商議認募，一面招匠開工，共事諸□□當同議定：馬全珍、宋富太、馬雙運管賬備材；村副馬群旺、閭長馬生困、馬全水、宋恒興、郭維斤輪流監□；社首暨值年維首、四山閭長分任催工外，并經衆另推□□旺、宋恒裕總稽工籍，惟馬保旺每月微賺津貼。然頗耐任事，亦不可因以少之，由是一村有爲之人協財俱來。所以自十四年開工至十五年七月，不一年福壽池□□水渠以成。池底經緯皆八丈五尺，布局上中下三圜。底圜石七層，高六尺五寸；二圜石七層，高七尺；上圜石九層，高八尺。共深二丈一尺五寸，壕寬五尺。池底近□□半圜鋪以石板用緩水，勢之瀑布。石頭取自壁則舊石窩，紅土來自西道馬蘭灘。又因填外□掘清尖□渠之積渣，□西溝用□北水渠之來源。一時東成西就，□□北速，自古不解之渴，於以慶蘇。池成水盈蕩蕩乎，莫名其功之易，所遺者垣墻及雨水渠之澄泥池耳。本擬繼續工作，因天門會溝禍地方，上治安爲紊，次年匪□□息乃□續完成。池上之石垣及尖□渠之石，檻工甫竣又匪作工停。延至十七年，馬克□任村長時，又抽間布施，大池岸自己耕作地，鑿修澄泥池，反水井及石□□四年以來，中間因地方不靖或作或輟，至此始告一段結束。祇碑石一項因材料缺之，綏俟采覓。十九年舍弟□祥再長村政，乃重整旗鼓，□竟全功，仍因碑材□□，僅於是年提前□修碑亭，以餘力整修小池岸，功亦未竟。終至今年三月始，縣新城采得碑料，適宋恒裕、馬生困共村政，均係修池出力人員，和衷□輔，全功乃□□成。於戲！以不敢輕舉之池工，不一年，已蕆厥事，采以者塊頑石竟八九年乃底於成，是向之視爲易者，今又不禁戛憂乎？嘆其難矣！所幸福祥領全功

之成，督率□□諸君子贊輔襄之力，急公忘私，戮［勠］力同心十餘年，始終不渝，謂非有志竟成而何？是役也，自興思暨勒石，前後歷十四年，用匠工五千二百餘工，民工一萬一千□□，共需經費五千八百餘串，食米四十餘石。除原積存款、倉穀及募捐與雜收入外，地畝略補微末。福壽池告厥成功矣！攻之苦之群力也！若夫經營擘畫，督率諸□□甚費孤苦焉！至飲水思源，保持守成，是所望於後人云。福禄忝與其事，樂成之日，爰蒐集顛末，濡筆而爲之記。

山西省立第四中學校畢業馬維良□校，肄業山西省立第四中學校男尚文書丹。

大中華民國二十二年歲次癸酉孟冬前五日壽堂宋福禄識。

天下更無不成之功只患乎無必成之志難而易易而難也斯池爲古
改作功成之後縣長陳建瑢公題曰福壽池新繫以辭曰壽堂寮福祿
敢邵匾名馬閬工於民國十三年八月池成於十五年七月記於今年
壽子曰功之成非成於成之日必由起福壽池之作也長而觀之
池之若衰乃捐私接修天路傍之石橋功將竣余道與步測途過老
說玄豁耳而謂池否泰之機動馬余修池之緊倘是知之北眼行
此心惟茲事體大不敢造次僉曰有力有簡决定要行迄年分有備暗
頌豐之人安無群大衆不移之論此修也哥獲之所由也表之後
連好改音院六七三尋得錢頃于餘卒財力有備時
廿十副馬臨旺閬長馬生圍馬金水宋垣與新豹混乂豹混
上御下三河底圍石七畢高六尺五十二尋石百畧高七尺上圍石百
盈臨塌易乎少名其功之易所遺者延臨之瓷簷池耳其又柏閬布
承自堅川馬石富紅土泉自白道馬將湖又圍塌成柷相清灭馬眞之
之石垣工作工作延直大七五馬克作長時又柏閬布
之石垣工師述直大七五馬克作長時又柏閬布
至此如告一毀結森林碑石一項因埋斯塊壺之竣修垓覓十九乎公

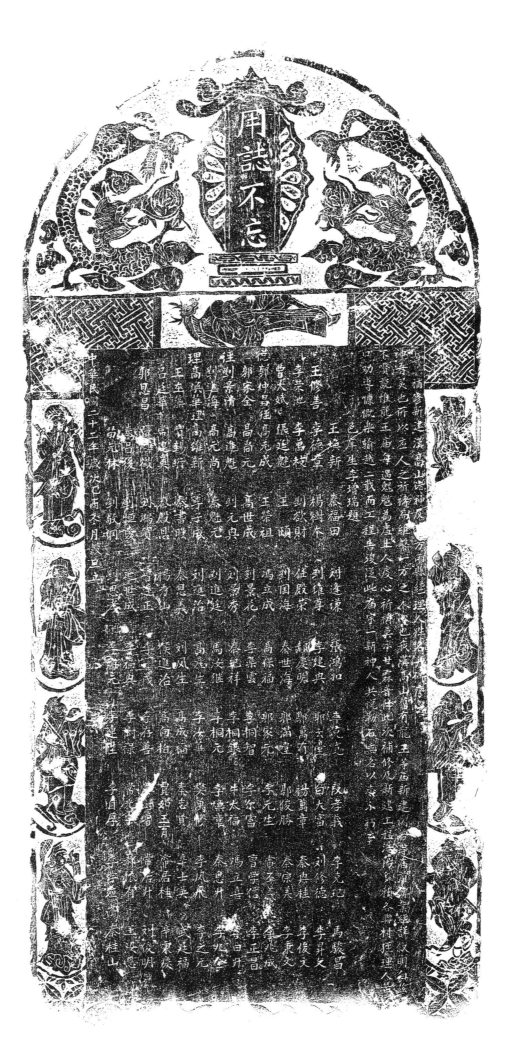

1089-1. 補修新建漢高山諸神廟碑序（碑陽）

立石年代：民國二十二年（1933 年）
原石尺寸：高 125 厘米，寬 56 厘米
石存地點：呂梁市臨縣玉坪鄉孟家塌村

〔碑額〕：用誌不忘

補修新建漢高山諸神及□萬兩縣經理人姓名并碑序

神者，灵也，所以应人之祈禱而維繫一方之人心也。我漢高山舊有龍王等廟，新建關帝等廟，前碑業經詳叙明白，兹不贅説，惟龍王廟每遇旱魃爲虐，土人虔心祈禱，莫不甘霖普降。此次補修及新建工程浩蕩，多賴各聯村經理人，苦口劝導，慷慨樂輸。越二載而工程告竣，從此庙宇一新，神人共悦。勒石垂名，以志不朽云。

邑庠生李增瑞題。

總經理：王修善、李榮池、曹大斌、郭仲昌、郭家全、劉景清、劉進海、高煥華、王在藻、吕廷華、郭恩昌。

經理：王煥新、李德章、李萬枝、張廷魁、高元成、高尚元、高進魁、高元尚、高維新、賈錫珩、常建英、張□徵、秦昌後、苗元林、秦福田、楊樹本、劉欲財、王頤、王榮祖、高世成、劉元興、秦魁元、李子成、秦書照、秦殿恩、劉鴻賓、劉恒愛、劉敬綱、劉逢謙、劉維尊、任殿榮、劉國海、馮立成、劉景花、劉景秀、劉進廷、劉進治、秦恩義、楊秀山、曾達正、延世成、劉恩孝、張鴻如、李建興、郝慶明、秦世海、高保福、李渠雲、秦玘祥、馬汝繼、高産生、劉風生、侯進治、李□茂、李福興、李海元、李克寬、郭雲堂、郭滿堂、郭家元、李桐智、李桐銀、李桐元、李汝華、高成福、高向柏、李存善、李樹禄、李連升、段孝義、白大富、楊萬章、郭俊勝、李元生、李爾富、牛太福、李煥章、樊萬修、秦志賢、賈如玉育、常樹增、常光宇、李自厚、李克玘、劉修德、秦興桂、秦宗美、常丕義、曹學信、馮立喜、秦恩升、李鳳飛、辛世英、常居桂、常居升、郝振有、李學應、馬駿昌、李昇文、李俊文、李秉文、李兆成、李正昌、李日升、李兆全、李之元、武廷福、辛秉慶、劉俊明、王汝恩、秦桂山。

中華民國二十二年歲次乙酉冬月穀旦立。

1089-2. 補修新建漢高山諸神廟碑序（碑陰）

立石年代：民國二十二年（1933 年）
原石尺寸：高 125 厘米，寬 56 厘米
石存地點：呂梁市臨縣玉坪鄉孟家塌村

〔碑額〕：片石流芳

李明盈、曹大有、曹錦于、常丕成、馬應謙、辛敦德、□龍義、牛孝福、郝士恭、郝世魁、郝世興、劉丕恩、李玉鏡、劉生榮、劉永貴、郝先賢、劉可文、呂萬林、秦福先、延振福、李茂慶、周緝武、周錦昌、周善士、周治法、李滿芝、牛正義、李生□、李錦林、薛恒章、嚴朝玉、薛明昌、李恩俊、李耀、李恒興、李永昌、李汝信、□□芬、李樹禄、李增秀、□如驥、李增潤。送碑人：高向柏、李存善、李佑厚、李長厚、李富厚、李時柱、秦錫山、李學勤、李學儉、呂元盛、馮進福、李□大、張□□、白明性、秦全興、秦善全、李擁太、李還全、李成全、李眼全、李繩全。

1090. 東社村重修龍王廟碑記

立石年代：民國二十三年（1934 年）
原石尺寸：高 190 厘米，寬 68 厘米
石存地點：臨汾市襄汾縣大鄧鄉東社村龍王廟

東社村重修龍王廟碑記

龍之爲物，徵諸典籍多有誌其灵异者，而科學家詆之爲荒渺怪誕，以絶無斯物、無斯灵也。蓋天地之大，生物不測，固口執一端而衡萬事也。且古聖王假神通以設教，豈故事炫惑世人哉？亦將以補法律之所不逮，藉以維持社會人心，使民得所宗仰，固具有深意焉。是故，創建廟堂，竭誠奉祀，以爲民先，如家之有長，國之有主，然後社會以寧，家道以成，旱乾灾疫有所祈禱。然則廟神之功詎淺鮮哉？矧民以食爲天，食賴雨以成。《華嚴經》云有無量諸大龍王，興雲布雨，令諸衆生，則龍神之功尤爲大矣。蓋凡事之有益世道民生者，皆可倡行，曷必斤斤然控名責實爲哉？東社村北舊有龍王廟一所，建自何代，弗得稽考。蓋年久失修，東西配殿以及鐘鼓戲樓因風雨剥蝕，均就傾圯，神不顧享，民失瞻依。村副周君炳星、社首程君金梁等目睹心傷，乃商諸村人，從事修葺，衆謀僉同。于是鳩工庀材，於民國十一年十月興工，越兩寒暑，厥工告成。其規模較昔擴大而壯麗焉。是役也，固由周君等之熱心經營，村人之協力贊助，尤賴神功之雨順風調而默祐之也。惟工程浩大，民力不資，未能即時獻口酬神。又越九載，於癸酉秋始克，聊申薄願，開演神光。事訖，周君請誌於余。辭之不獲，爰爲誌，以紀其顛末云爾。

山西教育學院中國文學系畢業學士劉錦之敬撰，山西省立第四甲種農業學校畢業李傑三書丹。

村副：周炳星。

總管：程經邦、李逢、程高枝、郭豪。

維首：程金梁、李建成、張樹榮、劉向龍、程黑蛋、申松、郭萬桂、栗德玉、郭引群、程不景、楊郭保、劉永和。

香首：程禮存、張天昌、周起德、申平和、程崇、郭焕明、劉向春、李書堂。

木工：申引渠。

丹青：劉臨鴻、李崇琴、李水堂。

玉工：溫書田、溫書文。

中華民國二十三年蒲月十三日吉旦。

1091. 白村堡浚河道碑記

立石年代：民國二十三年（1934年）
原石尺寸：高160厘米，寬64厘米
石存地點：運城市新絳縣三泉鎮席村

〔碑額〕：裨益水利
……白村堡浚河道碑記
……之六所以……地道之窮以亦以濟天道□□及也。我絳老乘載，有隋梁公世薈導鼓水以灌民田，千餘年……之□□年久遠，各河渠之興堤築壩，均不免勞工費資，圖防於一時，而計出永遠。大事興工者未之……水分流之。一自龍王廟分水閘，迤邐而至禹帝廟之殺水口，堰岸之崩潰，固在難免。河底……修，即堅牢耐久，□不礙於灌溉之宜。惟近年來白村堡後數十餘丈之河岸，北臨低□……因受獺穴影形，河迭見潰圮，致□□失時，湮沒田禾者年凡數次。我席李蒲三莊□……癸酉之歲，張克寬與璧及樹□□□長之任，本憂已憂人之心，倡科物□□之舉……謂河底穴孔□多，修補恐亦無益，不如別鑿新渠，較為一勞永逸之舉。□有郭君……不辭勞瘁，竭力奔波，商同白村周君士夏，毗連兩岸之懸崖地，婉説義讓，任便□占□……抵兑，并備具禮洋六十元整，聊酬周君慨賜之德。爰於甲戌仲春之月，輪派壯夫與……任勞任怨，勸加督促，遂不匝月而厥工告成。計占地寬一丈二尺，與舊河相等。堰岸整……可免於末日獺穴之害，不復見於後世矣。是舉也，豈同人等敢邀惠於鄉黨？亦謹體□……永久之計也。工成之日，眾皆囑余為序。余非能文，特以責無旁貸，略將事之本末勉借□……人之一鑒云。

山西……□習所畢業中醫改進研究會員□□軍醫官玉山韓寶樹撰文，山西……學校畢業士山西財政廳清□財政委員漢卿張懷良校閲，山西……講習所畢業士殺虎口大關稅局書記員子珍席同璧書丹。

民國二十三年歲次甲戌中□吉旦立。

憫負共和告成百廢維新開渠鑿井因地制宜視為民生之要政令云一井之設
灌十畝之田是鑿井宜為當局所亟視耳中寨村地居漳水之濱平原廣敞水渠
列農家賴之不雨可收是其在是村無足重輕逼溫君煇玉等以村雖
求但皆宜於灌溉不利於飲蓋因每逢夏季洪水氾濫清漳為污渠流道渴當
之時欲復鑒井以衛泉誰後可衛生甘
慨然為懷發念鑒井以
其山漳水氾鍾賞今就教班門雖壯以文相屬情難乎遠邰於是
遠縣第一高等小學校學董序列　　煜漢並書

發起人　韓海魁
薛崇陽
韓士弘

經理　趙崇
溫懷玉
連央華
連守義

監督　侯成
連二丑
侯成喜

趙姚子

工刻廬典

中華民國二十四年清和月中浣勒石

1092. 中寨村鑿井記

立石年代：民國二十四年（1935年）

原石尺寸：高63厘米，寬52厘米

石存地點：晉中市左權縣芹泉鎮中寨村

中寨村鑿井記

慨自共和告成，百廢維新。開渠鑿井，因地制宜，視爲民生之要。政令云："一井之設，□灌十畝之田。"是鑿井，宜爲當局所重視耳。中寨村地居漳水之濱，平原廣畝，水渠□列，農家賴之，不雨可收。是井之鑿也，其在是村無足重輕。乃溫君懷玉等以村雖□水，但皆宜於灌溉，不利於飲食。盖因每逢夏季，洪水泛濫，清漳爲污，渠流隨濁。當□之時，欲俟澄清而食，誰復可待？强取而飲，有礙衛生，村人苦之。爲群衆健康計，是□慨公爲懷，發念鑿井，以利民食。一倡百和，全村響應。幾經險阻，掘五丈餘而源泉□滾，□是乎成。嘗而試之，甘芳可口。工既竣，建神祠於傍，純石雕刻，內祀神像。雖云□垂久遠，良亦示不忘於天之所賜耳。煜，東陲鄙夫，學慚窺豹。第念余幼也負笈斯□，箕山漳水，夙所鍾賞。今執教班門，雖壯不如人，顧一念山青水綠之茜□□□然，□啻爲吾第二之故鄉矣。韓君士弘等既以文相屬，情難乎遽却。於是走筆爲記，以□衆命，并仿頌子陵先生之歌而歌曰："箕山蒼蒼，漳水泱泱，中寨村民，山高水長。"

遼縣第一高等小學校畢□□劉煜撰并書。

發起人：韓崇陽、韓士弘、連福有、韓海魁。

總經理：溫懷玉、趙榮、連央華、連守義。

監督：侯成喜、連二丑、韓□□、侯成羊、韓□□、趙□子。

堪輿家：白天慶。

玉工：劉廣興。

中華民國二十四年清和月中浣勒石。

1093. 建築水洞碑記

立石年代：民國二十四年（1935年）
原石尺寸：高 65 厘米，寬 88 厘米
石存地點：呂梁市孝義市兑鎮鎮南營村

建築水洞碑記

　　自古殘者重修，人所共具，缺者新補，衆所同情。如是村北之坡往來之大路也。本村當中街東面先年有薛、梁二姓圪洞兩個，屢逢大雨，南半村之水均歸此内積聚。近來將薛、梁二姓之圪洞屢倒污穢，故而墊平，村内毫無聚水之處。不料壬申、癸酉、甲戌叠接三年，天雨浩大，順坡猛流，傾塌不堪，有碍行旅。村長薛永晋觸目心傷，不忍坐視，公社有存餘磚，集衆會議，建築水洞一個。口雖異而聲同，無不贊成。欲建暗洞，地基窄隘，水勢之玄，未敢直流。大社墻北幸有薛兆明地基一塊，與該商議之，玄暗洞建築伊地内，而薛君兆明慨然隨聲而應，兆明之鴻德豈小補哉！於是庀材卜吉，乙亥四月十六日興工，築水洞七丈餘，并前面水口，種種費磚一萬一千有奇，統計共費金三十元有零。村北東堎底舊有溝渠一個，從南之吉水沿街由來積聚之池并益合村。是已邀請西堎義鄰郭子德、郭子仁、薛鍾恭、薛廣鉌、劉吉智等與大衆商議，此地意欲修池，占諸君之地基，而衆等齊聲，皆願仗義施捨，作爲水池永久占用。斯乃當闢則闢，當培則培，振修無不壯觀矣。挨户按地拔工，其所以道路如常也，而晋等同人協力，功於盛事者也。工程告竣，長老囑余爲記。吾自愧學淺，何能爲記？辭之不得，故不揣冒昧，敢竭鄙誠，謹以俚言叙其始末，援筆而爲之誌。

　　村公所書記薛廣福撰併書。

　　經理人：閭長薛鍾琛，村副顧春登，村長薛永晋，閭長郭子德，閭長薛廣懋，會員薛廣明，會員梁安恭，會長薛廣旺，會長薛士宏，會員薛廣福，會員薛士俊，泥工王淑寶，村警薛士傑，風鑒劉振憲，鐵筆黃銀虎，泥工喬萬寶。

　　附念舊誌請列於上，闔村共拔工六百餘個。

　　中華民國二十四年孟夏月穀旦立。

1094. 海公斷案碑

立石年代：民國二十四年（1935 年）

原石尺寸：高 206 厘米，寬 77 厘米

石存地點：運城市河津市僧樓鎮尹村

〔碑額〕：海公斷案

□□□政府刑事判決。□□被告干澗村甯殿臣、原士英、□掌印、史尚娃、史明水、史鳴芳、史□□、史□□、史□子，□列被告等，因妨害農工商罪等案，經本府審理，判決如左：

□王文、史掌印、史尚娃、史明水、原士英、甯殿臣等，意圖加損害於他人，而妨害其農事上之水利，各處有期徒刑二年。史□管、史□□、□□□自由各處有期徒刑三年。史陽滿妨害他人身體，處有期徒刑二年五个月。史發才意圖加損害於他人，而妨害其農事上之水利，處有期徒刑二年，傷害他人身體，處有期徒刑二年五月，合并執行有期徒刑三年。裁判確定前羈押日數，均一日抵徒刑一日。原士英、甯殿臣連帶負責，賠償填渠洋一百九十六元。

事實：□本縣縣北紫金山有三峪，名曰神峪、瓜峪、遮馬峪。瓜峪之水下流，又分三澗，東曰天澗，中曰南下大澗，西曰西長大澗。濁水由西長大澗澆灌孫彪里、□光等里之尹村、蘆莊、寺莊、南北方平、長壕、樊村等村地畝。干澗抵居於西長大澗上游，尹村、蘆莊、寺莊等村居於西長大澗下游。民國二十一年七月間，干澗村民將西長大澗兩旁久無開塞之馬魏二渠掘□，盜用濁水，妨害下游水利。當經尹村等於是年七月間，將干澗村民訴縣，經判令填塞在案。干澗村不服上訴，二三審均經上訴駁回。於去年五月間，將渠完全堵塞，乃干澗村□□不遵，判首謀史成章、史遵法、甯國良、史希文、史平穩、史存才、史明智、史文奇、甯國秀、史玉珍、史世傑、史義娃、史穩重等率領村民史保生、甯中貴、史福困、史秉文、史思厚、史伯棠、史掌印、史載子、史忠子、□尚娃、史卜載、史忠載、史春載、史玉定、史成子、史收子、史來子、史秩子、史偏印、史駿洪、史進才、史尚才、史明治、史春厚、史穩厚、史陽存、史着子、史春着、史穆娃、史林着、史發生、史發丁、史學生、史蛋子、史小蛋、史羊子、甯堆長、甯培國、史世彥、甯隆子、甯強國、邵得俊、甯滿困、史堆子、史經堆、史古堆、史卜更、史回子、史論子、史銀圪塔、史加娃、史元氣、史豐才、原士彥、史水來、甯茂林、甯丙午、甯原正、史爭盛、甯壬午、甯林九、甯明汝、甯雪合、甯才井、史貴福、史立生、史双全、史馬標、史取貞、史印貞、史弘文、甯全旺、甯滿禄等，於本年六月二十七日早分，持鐵器復將馬魏二渠擅自挖開，意圖盜用濁水，妨害下游水利。是日干澗村自稱水利代表甯殿臣、原士英等，□狀請求再審到縣，當經批駁。第三區將干澗村私開渠道情形，呈報到縣。尹村、蘆莊等村代表邵復興等，亦告訴前來，當飭屬拘拿犯人。經第三區先後以秘密問會等情，□□□明□□□尚娃、史秉直、史明永等送縣。甯殿臣、原士英等假捏事實，誣告陳俊傑等，因予管押。七月十二日，第三區區長派警察劉進德、任克恭，團丁陳本成、李啓明等四名，由干澗村東□龍王廟後緝拿□□□□□史發生拿獲。正回行之際，史發生忽以吹嘯爲號，該干澗村所伏之人及附近種地之人，突來數百，將區警、團丁等四名一并掯去，拉在該村廟內，掯劉進德係史吳管、史突子，掯任克恭係史吳管，掯李□明係史狗子，打李啓明係史陽晋、史發才、史明信，打陳本成係魯林子。當時，史印娃、史豹娃、史廣才、史中娃、齊禮旺、史紅子、史學詩、楊從卯、齊金榜、史平彥、甯興旺、黃東子、甯唐子等均在場助勢。嗣該村村長到場，始着人將

綁繩解開，該區警等始得回區。經區長據情呈縣，當即飭吏驗傷。經驗明，劉進德左肩甲木器傷一處，皮破血出。左臂膊木器傷□膚皮不破，紅腫。左手腕近外木器傷一處，皮微破血出。右臂膊、右手腕各有□□傷一處，俱皮不破，紅色。食氣嗓近石木器傷一處，皮微破，血出。左腿近外木器傷一處，皮不破，腫脹。脊背中近右木器傷各口處，皮不破，紅腫。左腿近外木器傷一處，皮不破，紅色。驗得任克恭脊背上之右，木器傷一處，皮不破，腫脹。左臂膊木器傷一處，皮不破，紅腫。左手腕木器傷一處，皮不破，紅腫。右手腕木器傷一處，皮不破，浮腫。左腿□□腕木器重疊傷一處，皮不破，紫黑色。右腿近外木器傷一處，皮不破，浮腫。驗得李啓明左右胳臂自□痕傷各一道，皮不破，□色。左顴骨有拳傷一道，皮微破，血出。右胳膊近裏近外木器傷二處，俱皮微破，紅色。脊背上鐵器傷一處，皮不破，紫黑色。脊背中近左近右木器傷各一處，皮不破，紅腫。右□□木器傷一處，皮不破，腫脹。驗得陳本成胳膊各有繩痕傷一道，俱皮不破，紅腫。左眼近下拳傷一處，皮微破，紅色。左右顴骨各有拳傷一處，俱皮微破，紅色。脊背上中下及腰眼桐條鞭杆重疊傷一處，皮不破，係黑色，左右實相連，左右腿近外條鞭杆重疊傷一處，皮不破，紫黑色。填載傷單附卷。七月十三日，干澗村村民史成子、史來子、史保生、史貴福等，手執紅旗，率領二三百人，各綁紅布條為號，均脫上身衣服，分持刀械，在干澗村、□□村北交界處游行示威。其用意一則為抵抗抓獲，一則為威嚇尹村、蘆莊等村人民。經公安局會同駐軍，於七月十六日前往干澗村抓獲犯人，將史陽晉、史突子、甯礼旺、楊双卯、齊金榜、黃東子、史□信、史豹娃、史□子、史吳管、史平彥、甯唐子、史發才、齊廣才、史中娃、史學詩、甯興旺等十七人抓獲，并搜獲刀式、長矛四枝，一并送縣。干澗村開渠後，當令第三區署招工，剋日堵塞。據覆稱已招工將渠堵塞，共花洋一百九十六元。除甯禮旺、甯興旺、史明信、史紅子、黃東子、史學詩、甯唐子、史豹娃、楊双卯、史廣才、史中娃、齊金榜、史平彥等，予以行政裁決，并其餘犯人候獲案，另歸外合，先將被告等予以判決，是為本案事實。

理由：查掌娃、史双才、史尚娃等，對於擅開渠道，雖不承認，但經尹村、蘆莊等村代表等告訴明確，自難任其狡展。史明永對於開渠雖不承認，但經區查明，亦難任其狡展。原士英、甯殿臣等，既當水利代表，對於開渠，當然係首提倡實行者，故史掌印、史發才、史尚娃、史明永、原士英、甯殿臣等，意圖加損害於他人，而妨害其農事上之水利，應依刑法第二百五十二條，各處有期徒刑二年。史吳管、史吳子捆綁劉進德，史吳管捆綁任克恭，史陽晉、史發才□毆打李啓明，經劉進德、任克恭、李啓明等指證明確，事實已無疑義。史吳管、史突子應依刑法第二百九十六條第一項，各處有期徒刑三年。史陽晉、史發才應依刑法第二百七十七條第一項，各處有期徒刑二年五月。史發才依刑法第五十一條第五款，於二年以上，四年五月以下，定其刑期，應執行有期徒刑三年。裁判確定，前羈押日數依刑法第四十□條，均□以□日抵徒刑一日。又此次令第三區□填□渠道，共花洋一百九十四元，責令原士英、甯殿臣二人連帶負責，如數賠償。合依刑事訴訟法第二百九十一條，判決如主文。

縣長海鵬運（印），承審劉之明（印）。

中華民國二十四年九月二十五日。

《海公斷案碑》拓片局部

1095. 五門村縣府判令植樹責任碑記

立石年代：民國二十四年（1935 年）
原石尺寸：高 37 厘米，寬 104 厘米
石存地點：晋城市澤州縣西上莊街道五門村

我村去晋城縣之西北十里，村之南界與西峰、郜庄兩里毗連，右有官道，東達縣城，西通陽沁，乃古之要道也。凡遇修築，向章均歸里下擔負，其中段數，立有一定規則。故自郜庄至核桃窪一段，向歸我里負責。奈此段□路全係河道，每逢大雨，則橫流泛濫。自民國初年間，奉□道□栽樹，叠年培植，終無效果。至八九年間，經前任馬村長與該里閭社及地主會商，可將樹苗植於兩岸之高埂，庶幾免遭水患，而培植有效也。然事未就而成訟。當蒙縣府判令該地主栽植灌溉，并令其保全成活，將來成材，權由□主，與我無涉。訟乃息。嗣後該地主陽奉陰違，以故培養而難矣。今春區令補植樹苗，我等恐蹈故轍而復涉訟。縣府以有前卷判令，仍照前判照辦，訟乃息。同人等誠恐將來無考，故勒石以誌之。是爲序。

清授從九品分省□用巡政廳國子監太學生宋之鼎撰文，山西崇實中學校畢業現任五門小學校校長李晏清書丹。

五門里村長：王由俊。

五門里村副：王守讓、秦東昇。

五門村公務員：王誠中、王發魁、王成金、宋玉麟、王成玉、王殿春。

東溝村公□□：秦三旦、秦廷村、秦保孩。

王后莊公□員：王富運、李轉運、王定一。

住持僧：惠綸。

勒石人：郝寶山。

中華民國二十四年陰十二月十一日公立。

永垂

重修漳源首渠碑志

1096. 重修漳源首渠碑記

立石年代：民國二十四年（1935 年）
原石尺寸：高 130 厘米，寬 50 厘米
石存地點：長治市黎城縣西仵鎮西水洋村

〔碑額〕：永垂
重修漳源首渠碑記

夫開渠活水，築石通泉，自□有之，無非□□□□□，本村師□□集合□近之三村協力開渠。工程規則□已歲工□□□五年□□□先生之□□又虧四村人協力，方始告竣……□十二年□□水（以下碑文漫漶不清，略而不錄）

中華民國二十四年十二月十五日立。

重修

重修後谷龍聖廟碑記

民國二十四年陽曆月下旬　全立

1097. 重修蒼龍聖廟碑記

立石年代：民國二十四年（1935年）
原石尺寸：高110厘米，寬60厘米
石存地點：長治市平順縣東寺頭鄉七子溝村

〔碑額〕：重修

重修蒼龍聖廟碑記

窃謂神明不測之体，此古今人皆知之而又信之。今蒼龍神聖、佛祖諸神位功德浩大，充塞宇宙之間。追前日之創修，不知創於何年，迄今代遠年湮久矣！因風吹雨洒，目睹傷心，不忍置之度外。民國二十二年六月十六日，天氣大旱，田禾甚枯，小民束手無策。合社公議，誠心祈求，蒼龍位前曰："惟神職司雨澤，權掌雷霆，萬方之人無不受恩，四時賴以順，萬物賴以成，致中和而天地正其位。幸若普降甘霖，使禾稼當其熟。"尝曰："民以食爲天，又以粟爲生，不惟一方頌其德，即萬方之人沐其恩。"感其灵佑，重修廟宇，再飭金妝，又砌修台地。本年八月間動工，九月告竣。嗣後献戲三台，開光大報神功。社又議，成立古香不斷，四年兩頭献戲，以爲永遠。常香不忘，明神來享，固能保其安寧。至聖來臨，庶可佑其平康。藉此男女怡情，無時不和合於一室，老少樂志，咸曰都慶賀於一家。彼此同心，親戚洽意，兩相契闊，遠近共聞，誰不鼓聲而頌之，共昌厥於後世哉？社同計算，共花費大洋一百零四元九毛六分八，共捐大洋一百一十元零九毛六分八。前後傳聞，故刻石勒銘，永垂千古不朽云爾。是以致此實則。

水溝村韓修和華夏撰文并書丹。

社置：物什四个、抽斗桌一張、單桌四張、登挂椅六把、板凳四条、按板兩塊、条盤兩个。□定隨□□□□，若有借用，誰毀誰賠。社立規□准定。

刻石人：侯全藏、宋財。

民國二十四年臘月下旬同立。

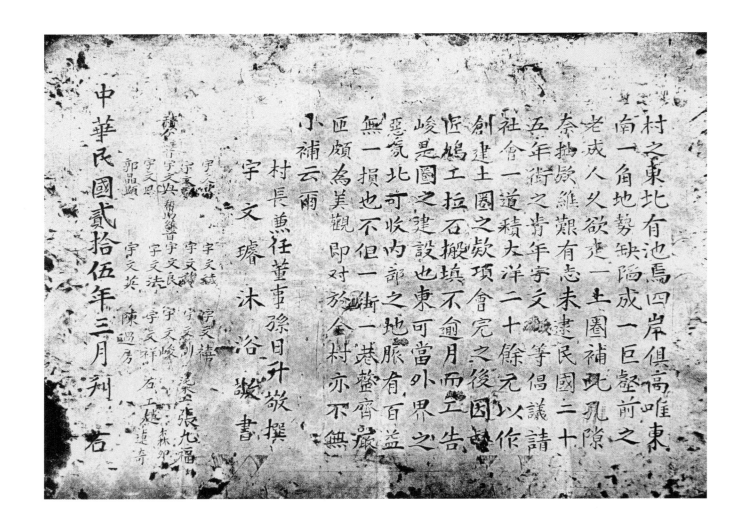

村之東北有池焉四岸俱高唯東
南一角地勢缺隔成一巨壑前之
老成人久欲建一土圈補此孔隙
奈拙歟維艱有志未遂民國二十
五年街之青年宇文峻等倡議請
社會一道積大洋二十餘元以作
創建土圈項會完之後因疊
匠鳩工拉石搬填不逾月而工告
峻是圈之建設也東可當外界之
靈氣北可收內部之地脈有百益
無一損也不但一街一甚整齊嚴
匪頗為美觀即对於全村亦不無
小補云爾

村長薰往董事孫日升敬撰
宇文瓛沐浴敬書

宇文誠 宇文誠 宇文禧
宇文善 宇文良 宇文嶺 宇文剐 張九福
黄X 宇文英 宇文法 宇文祥 右工誠連奇
郭晶顯 陳過房

中華民國貳拾伍年三月刊石

1098. 元村建土圈碣

立石年代：民國二十五年（1936 年）
原石尺寸：高 40 厘米，寬 56 厘米
石存地點：長治市黎城縣洪井鎮元村

村之東北有池焉，四岸俱高，唯東南一角地勢缺陷成一巨壑，前之老成人久欲建一土圈，補此孔隙，奈抽款維艱，有志未逮。民國二十五年，街之青年宇文□等，倡議請社會一道，積大洋二十餘元，以作創建土圈之款項。會完之後，因督匠鳩工，拉石搬填。不逾月而工告峻［竣］。是圈之建設也，東可當外界之惡氛，北可收內部之地脈，有百益無一損也。不但一街一巷整齊嚴匝，頗爲美觀，即對於全村亦不無小補云爾。

村長兼任董事孫日升敬撰，宇文璿沐浴敬書。

積錢維首：宇文□、宇文□、宇文興、宇文恩、郭晶顯。

幫助維首：宇文斌、宇文□、宇文良、宇文法、宇文英、宇文禧、宇文訓、宇文峻、宇文祥、陳過房。

泥水工：張九福。

石工：趙森卯、趙連奇。

中華民國貳拾伍年三月刊石。

洪井村修理天池碑記

中華民國貳拾五年一月三月穀旦

所里棠乙丑作小學教員檢定委員曾兼□旋冠軍村人張連第撰文並書丹

玉正范堯雜鐫石

1099. 洪井村修理大池碑記

立石年代：民國二十五年（1936 年）

原石尺寸：高 266 厘米，寬 84 厘米

石存地點：長治市黎城縣洪井鎮洪井村

洪井村修理大池碑記

池以大名，明其不同乎小也。或曰吾聞之大者，無□此池之面積能有幾何，而遽名之曰大耶。予曰不然。夫大之與小，相形而言者也。子祇知大者之無外，而抑知小者之無内乎？斯池之面積雖有限，然以形諸小於此者，斯可謂之大耳。

吾村居黎陽最高之處，南至北社，北至源泉，東西則極二漳之流域，橫亘百里，縱約兩舍，均無井泉，所資以爲飲料者多半仰給於池。然則此橫亘百里，縱約兩舍之間，其中之所謂池者亦多矣，乃此橫亘百里，縱約兩舍之間，其中之所謂池者雖多，獨有斯池稱巨擘焉。名之曰大，不亦宜乎。雖然如是而言大，祇就其形式言之耳，若其修理之要，經營之久，風景之麗，與夫功用之宏，觀縷而言，均有爲他池之所不及者也。

池在吾村之南，東岸爲孔道，乃由潞入遼之衝衢。千百年來無人爲具體之修築，故每年至秋水泛漲時，必間斷頹坍，犬牙相錯，蜿蜒若鋸齒形。行客皆東趨西避，惶懼無人色。甚者當水與道平之時，一望彌漫，幾不知何者爲池，何者爲道。嗟行之人咸惴惴然有陷溺之憂。是不啻以池沼作陷阱矣，其害尚可言哉？

噫！我思古人豈有歷千百年之久，目睹其害而不思修理者乎？實千百年以前之人，日抱其志而不克償其願耳。夫以千百年不償之願而屬當吾輩，則修築之事，誠刻不容緩之舉矣。顧以善事之興也，往往易於樂成而難於更始，何也？蓋本無其備而即先存其志也。非若爲邪事者蓄資已久，猶不敢萌其志，一旦逞其志，爲之斯易易耳。

丙寅年秋，村中父老相與謀曰：是役也，猶所謂七年之病求三年之艾也。苟爲不畜，終身不得。今欲成此善舉，其惟畜之一法乎？乃請會數道，作未雨之綢繆。八年之間，朝夕經營，至甲戌歲會完。得銀八百餘圓，猶以爲未足。因吳家□、橫嶺、石橋背三村舊有同汲之誼，得援助銀八十餘圓。遂於是年冬開工掘石，乙亥年春命匠修築，需時三月而工告竣。四周甃以盤石而護石欄於其上，又用石板鋪路，以利跋涉。雖無雕斫之工，頗具雄壯之觀。

險夷之情既殊，而美惡之感亦因之而异矣。於是行旅往來，憩息於此者，咸嘖嘖稱嘆。昔之犬牙錯落者，今則其直如矢矣；昔之坎舊凹凸者，今則其平如砥矣。又況春冰既泮，池水湛清，樓臺倒影毫髮可鑒，花光樹色與水面相照映。夏則黃童白叟往來運麥，與水底之影成四行焉；至秋則月印波心，静若沉璧，雨洒微瀾，水與天接。蘇子云"瀲灩固好，空濛亦奇"者非此也耶？冬則堅冰既結，其明若鑒，六七童子，相與蹩躠其上，作溜冰之戲。睹斯景象，則又使人於昔之驅車叱犢，去之惟恐不速者，今則徘徊瞻顧，流連而不忍去矣。詎非此池之大觀哉？或又曰：君所言固佳矣，惜不得騷人題咏，爲此池生色，豈不有愧於其名乎？予不禁啞然曰：嘻！子何見之陋也。夫物以有用無用等其貴賤，人以爲利爲害別其愛憎，斯池之功爲四村之中百千人之所托命，其爲用亦大矣！若云文人騷士賞鑒之所不及，斯自賞鑒有之失耳，於斯池何與焉？況乎百里之中，竟無與斯池同其大者，則其爲大也誠不虛矣，名之曰大，又何間焉！

□□講習所畢業乙丑年小學教員檢定委員會檢定冠軍村人張連第撰文并書丹。

玉工范秃鷄鐫石。

中華民國貳拾伍年夏曆閏三月穀旦立。

者此池之面積能有幾何而遠名之曰大耶予曰不然大火之與小相形而言者
耳吾村居黎陽最高之處南至北社北至源泉東西則極二漳之流域橫亘百里縱約
亦多矣乃此橫亘百里縱約兩舍之間其中之所謂池者雖多獨有斯池稱亘擘馬
用之宏觀變而言均有為他池之所不及者也池在吾村之南東岸為孔道乃由路
形行容皆東超西避而言惶懼無人色甚者當水與道平之特一望瀰漫幾不知何皆為
有歷千百年之久目覩其窘而不思修理者乎實千百年以前之人日抱其志而不
病求三年之艾也苟為不畜終身不得今欲成此善暴其惟畜之一法乎乃請會數
背三村舊有同汲之誼得援助銀八十餘圓遂於是年冬闊工掘石凡亥年春命匠
具雄於之觀險夷之情既殊而美惡之感亦因之而異矣於是行旅往來憩息於此
池水湛清樓臺倒影毫髮可鑑花光樹色與水面相照映夏則黃童白叟往來運麥
非此也即冬則堅冰既結其明若鑑六七童子相與蹩躠其上作溜水之戲觀斯景
或又曰君所喜固佳矣惜不得騷人題咏為此池生色豈不有愧於其名乎予不禁
百千人之所托命其為用亦大矣若云交人騷士賞鑑之所不交斯自賞鑑者之失

《洪井村修理大池碑記》拓片局部

永久紀念

1100. 打井捐資碑

立石年代：民國二十五年（1936 年）
原石尺寸：高 115 厘米，寬 50 厘米
石存地點：臨汾市堯都區土門鎮土門村

〔碑額〕：永久紀念

蓋聞水乃人之命脉，井爲水之來源。民生汲食，注重井泉，家家需用，處處必要，惟賴一端，自難闕如也。土門村東頭街南，古有南井一眼，年代久遠，洞底坍毀，時修時壞，糜費頗多。因而公議，另鑿新井，雖費巨資，而逸勞永久，從此不惟免除糜口之需，即均沾汲水便利之幸福矣。刻已工竣，所有捐資姓名開左：

張凌江一丁、王立身十丁、張小元一丁、楊天舍四丁、楊德全四丁、郝生祥九丁、張雙喜八丁、張三喜三丁、張五兒三丁、王長興二丁、張文祥六丁、郝餘慶二丁、張尖尖三丁、郝呆子三丁、張胎子三丁、楊成漠三丁、張文斌七丁、王玉瑞六丁、楊成禮十一丁、郝連昆六丁、楊興盛七丁、楊隆盛三丁、張九令四丁、王玉琮五丁、王建德四丁、郝廷宷八丁、楊玉盛五丁、楊洪盛五丁、王鎮業六丁、王玉瓏六丁、于來與五丁、郝廷寮六丁、韓生富六丁、楊仁盛十二丁、楊百盛三丁、王玉璽四丁、王克振四丁、郝廷賓三丁、楊繼盛三丁、楊禮盛四丁、王長勝二丁、王廷鳳六丁王克晋五丁、郝根喜四丁、王天舍四丁、楊義聲四丁王洪盛七丁、郝口貴四丁、王來順五丁、王志遠十二丁、楊長盛五丁、楊鵝兒二丁、王萬林十丁、郝廷章四丁、王建才四丁、張福才二丁、楊德慶三丁、張文榮二丁、王萬枝九丁、王志道二丁、王克謙四丁、張元子六丁、楊小胎四丁、張文林六丁、王廷楨四丁……

王玉琮助付井費洋五十元，舊井地基廈棚永歸王玉琮管業。

……楊福盛、楊隆盛給穿井地基一塊，由公酌付價洋六十元。該基永歸井公管業，因地基關係讓免福盛井費用一次。

督工人楊義聲撰，管賬人楊繼盛书。

監工人：張文榮、王志遠、郝連昆、楊玉盛、楊雷盛。

中華民國二十五年夏曆六月十三日吉立。

1101. 水泉莊創建龍王廟碑記

立石年代：民國二十六年（1937 年）
原石尺寸：高 120 厘米，寬 47 厘米
石存地點：長治市上黨區韓店鎮水泉莊村

〔碑額〕：萬古流芳

水泉庄創建龍王廟碑記

蓋聞天降膏露，地出肥泉。泉水者，乃地下血氣之□洄，如筋脉之流通不息也。所謂原泉混混，不舍晝夜，盈科而後進，放乎四海。是知四海龍神變化，顯赫於天地之間，人莫能測，敢不竭誠致敬，以崇其祀典乎！兹者水泉庄之東南隅，舊有龍王廟一座，地址狹隘，殿宇卑陋，殊非栖神之所。每欲擴展其規模，宏大其殿宇，奈村小民貧，籌款維艱，存心許久，有志未隨。今同人等善念網結，努力舉行，公議組織釀金會，一道連謀數載，積資稍裕，頗可興工。遂於戊辰之秋，從事經營。鳩工庀材，建築龍王大殿三楹。越二年庚午，續修南北耳房各兩間，又復塑像金妝，彩畫棟宇。睹昔日廟之卑陋狹隘者，今化而爲寬宏高崇矣。□值工成告竣，合將善土之助資、建築之花費一應勒諸砭珉，以垂永久云爾。

代理平順縣第三區區長次方□□策撰文，山西省立第四師範完全科畢業王殿珍書丹并篆額。

龍王廟原有廿五户積錢……成洋廿三元，成會積洋一百九十七元，道士化洋二百六十二元一角，同德會十元。

施財維首：閆福旺、閆步朋、閆步宣、閆根旺、閆成旺、閆銀長、閆妙仙、閆鬧嘴、閆李林、閆魚水、閆富泰、閆合盛、閆富章十五元。

夢則四元，閆妙仙、閆鐵牛二元，閆福旺一元五角，閆胖娃一元，閆肉則、閆秋狗、閆双喜、閆聚水、閆步朋、閆來喜、閆迷長各一元。閆成旺、閆招孩各五角，閆步宣、閆魚水、閆根旺各三角。

維首：閆鐵牛、閆石鎖、閆安長、閆妙仙、閆双喜、閆車長、閆夢則、閆來喜、閆成章、閆秋狗、閆迷長、閆聚水。

總理賬目：閆富章。

玉工高安則鐫。

民國二十六年杏月穀旦。

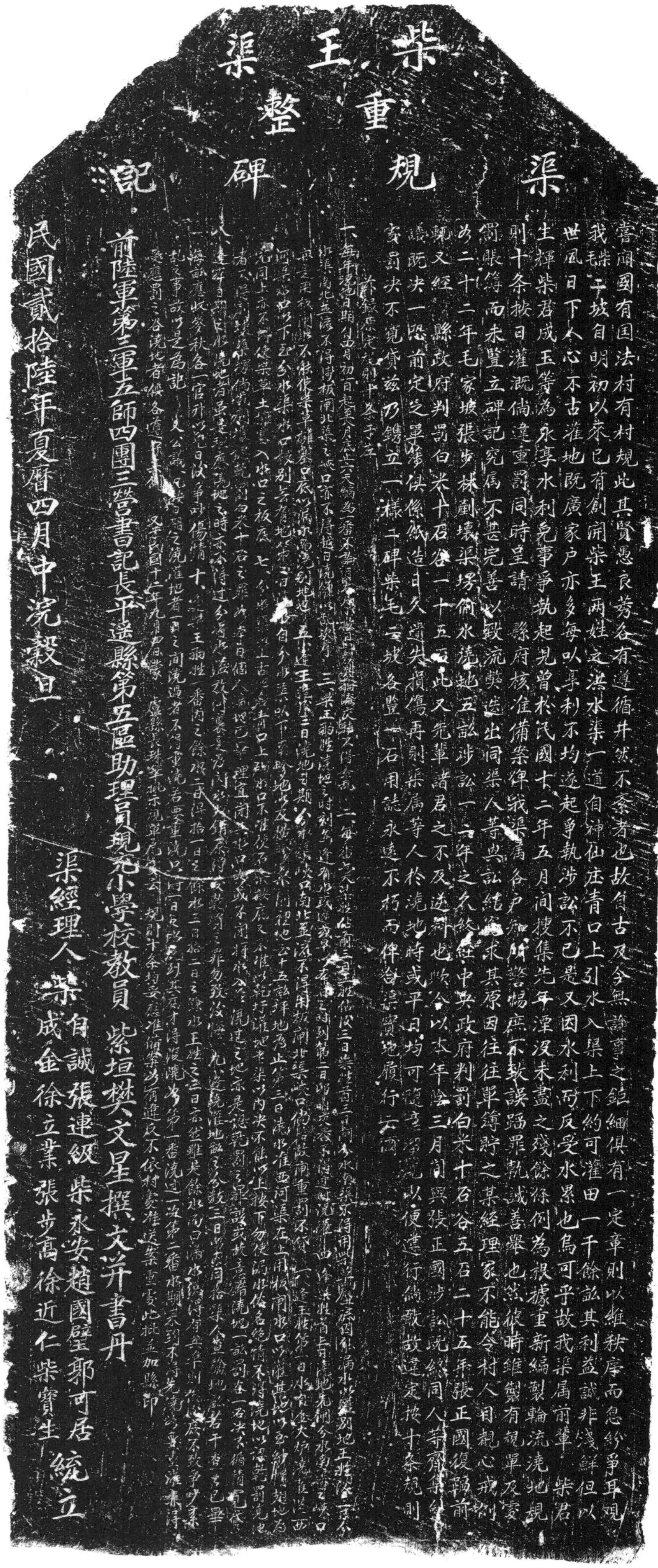
柴王渠
重整
渠規碑記
前陸軍第三軍五師四團三營書記長平遥縣第五區助理員規范小學校教員　紫垣樊文星撰文并書丹
渠經理人　柴自誠　張連級　柴永安　趙國璧　郭可居
柴成金　徐立業　張步高　徐近仁　柴寳生　統立
民國貳拾陸年夏曆四月中浣穀旦

1102-1. 柴王渠重整渠規碑記（碑陽）

立石年代：民國二十六年（1937年）
原石尺寸：高123厘米，寬49厘米
石存地點：運城市絳縣古絳鎮柴家坡村柴家祠堂

〔碑額〕：柴王渠重整渠規碑記

嘗聞國有國法，村有村規，此其賢愚良莠，各有遵循，井然不紊者也。故自古及今，無論事之巨細，俱有一定章則，以維秩序而息紛爭耳。觀我柴、毛二坡自明初以來，已有創開柴、王兩姓之洪水渠一道，自神仙庄青口上引水入渠，上下約可灌田一千餘畝，其利益誠非淺鮮。但以世風日下，人心不古，灌地既廣，家户亦多，每以享利不均，遂起爭執，涉訟不已，是又因水利而反受水累也，烏可乎！故我渠屬前輩柴君生輝、柴君成玉等，爲永享水利，免事爭執起見，曾於民國十二年五月間，搜集先年湮没未盡之殘餘條例爲根據，重新編製輪流澆地規則十條，按日灌溉，倘違重罰。同時呈請縣府核准備案。俾我渠屬各户知所警惕，庶不致誤蹈罪軌，誠善舉也。然彼時雖製有規單及處罰賬簿，而未竪立碑記，究屬不甚完善，以致流弊迭出。同渠人等興訟結冤，求其原因，往往單簿貯之某經理家，不能令村人目睹心戒。例如二十二年，毛家坡張步林鏟壞渠塄，偷水澆地五畝，涉訟一二年之久，終經中央政府判罰白米十石、谷五石。二十五年，張正國復蹈前轍，又經縣政府判罰白米十石、谷一十五石。此又先輩諸君之不及逆料也歟。今以本年陰三月間，與張正國涉訟既終，同人等齊集會議既決，一恐前定之單簿，俱係紙造，日久遺失損傷；再則渠屬等人於澆地時或平日，均可隨意溜覽，以便遵行。倘敢故違，定按十條規則處罰，決不寬貸。兹乃鎸立一樣二碑，柴、毛二坡各竪一石，用誌永遠不朽，而俾合渠實地履行云爾。

兹録原定規則十條于左：

一、每年澆地日期自四月初一日起，至八月底止，六天編爲一番，不論月大月小，按日計算，輪流交轉，不得紊亂。二、每番六天，柴姓占前三日，王姓占後三日。柴姓首三日閘分水南渠，不得用柴草壓底，因能漏水，以灌別地。王姓後三日，分水渠南北并流，不得涉板閘北渠之峽口，亦不得越日澆灌，以亂次序。三、柴、王兩姓澆地之時刻，每逢有水或逢或早，以本日之時刻到第二日卯時交番，不得過時澆灌。四、逢柴姓首三日澆地，先閘分水南渠之峽口，亦是用板閘水，不能使柴草擁塞口底，以漏水而澆別地也。五、逢王姓後三日澆地之期，分水渠峽口南北并流，不得用板閘北渠峽口。倘若故閘，重罰不貸。六、逢王姓第一日，水自金火炉澆灌，從西河渠水口以下至分水渠水口根，別無有地。第二日澆水自分水渠以下南畛地及橫畛桑園裡地，至十五畝坪地爲止。第三日澆水準西河渠在上用板閘水口，以灌其地，以至紗帽翅地爲完，同上亦不得使柴草土擁塞入水口之板底。七、分水渠以上古地名青口上砌水口，不准使石條按底，又不准以乾圩灌地，老渠以內決不能以上按下，勿使漏水。俗名絶情，不得澆地，以認乾罰。澆地者不得鏟壞渠塄，倘或鏟壞，認乾罰白米十石之罪。如本日個人澆地已畢，理宜閉其水口，如或不閉，將水入於澆過之地，亦是認乾罰之罪。設或故意錯澆地一畝，罰谷一石，決不循情寬貸。八、逢囗日期之水澆地者，雖是理應澆地之時，亦不得過分將水溢放，何裏是爲閃水大錯，原得交乾罰之罪，勿致後悔。九、逢澆灌地畝之分囗，三日以內，同拾渠人查驗地畝若干，查事已畢，每畝應收麥秋各一官升，以免日後爭吵傷情。十、逢柴、王兩姓一番內之餘水，二日得拾一日之餘水，三日拾二日之餘水，王姓之三日亦然。雖是餘水，而曰漏水，總得有其準則，俟後庶不致爭吵紊亂之事，故以是爲記。又公議：凡按日期之澆灌地者，一日之間澆過者，不得重澆。若要重澆，只得一日之水澆到其底，才得復澆。如第一番澆過一次，第二番水期來到，不得先澆。如要重灌，亦得受應罰之谷。澆地者俱各遵守示例。又于民國十二年九月四日，蒙盧縣長珠筆批示，規單尾處云：規則十條，均妥應准備案，如有違反不依，村處准送案重處，此批并加縣印。

前陸軍第三軍五師四團三營書記長平遥縣第五區助理員現充小學校教員紫垣樊文星撰文并書丹。

渠經理人：柴自誠、柴成金、張連級、徐立業、柴永安、張步高、趙國璧、徐近仁、郭可居、柴寶生，統立。

民國貳拾陸年夏曆四月中浣穀旦。

《柴王渠重整渠規碑記（碑陽）》拓片局部

1102-2. 柴王渠重整渠規碑記（碑陰）

立石年代：民國二十六年（1937 年）
原石尺寸：高 123 厘米，寬 49 厘米
石存地點：運城市絳縣古絳鎮柴家坡村柴家祠堂

〔碑額〕：永遠分明

柴、王兩姓之澆地規則：

一、定拾河裡老油人每年以石加工發通老渠，准至西河渠口，又不得老油閃水。閃水准奪，并按渠規處罰。一、定老油内寬二丈六尺，以下寬八尺、深六尺，渠棱厚五尺，以至西河渠口，不准鏟坏，如或鏟坏，准罰白米十石，違此送縣究治。一、定西渠高夾口至分水渠寬五尺，深五尺，南棱在地上，高三尺，寬三尺。一、定分水渠至小夾口渠内寬四尺，深四尺，渠棱高尺，厚四尺，鏟坏受罰。一、定小夾口至中渠寬同車道，深同渠口，以至棗園單道□子根，棱寬三尺五寸，高如是。一、定車道到斜口上，渠寬三尺，深三尺，棱三尺，不得□□渠棱。一、定老渠□夾口同分水夾口之勢樣，不得過窄，違此亦罰。一、定西河渠寬三尺，深三尺用，王姓三日澆灌，木板閘口不得塞底。

柴一日水北渠為首澆至油止。果子園：柴元恩一地十一畝。斜口上：柴成玉二地四畝、三地四畝。山神廟前：柴自誠四地六畝。小橫畛：柴成金五地三畝五分，柴成玉六地十一畝。油子上：柴春生七地四畝，柴自誠八地四畝，柴成金九地三畝，柴勝武十地三畝。小大口南渠為二澆至山灣為止。長畛里：徐庚辛一地十二畝，周文明二地二十一畝，柴尚文三地十七畝，柴文生四地十一畝，柴宝生五地五畝。南壇上：柴成金六地六畝。油子上：郭可居七地五畝，柴成金八地三畝五分。柴一日水北渠為三澆至渠根止。柴春生一地二畝，柴武生二地三畝，柴天恩三地一畝五分，郭可居四地二畝，柴天恩五地四畝。柴一日水北渠為首澆至油子上止。郭本明一地四畝，柴玉生二地三畝，柴寶生三地十畝，柴自誠四地六分。廟西：柴天棠五地四畝五分，柴自誠六地十一畝五分。山神廟前：郭學經七地五畝，柴自誠八地六畝，□□□九地六畝。道東：□□章十地一畝。南頭：柴際□十一地一畝。小橫畛：郭本明十二地一畝五分，柴天棠十三地十九畝，郭可居十四地九畝，柴士賢十五地三畝。柴二日小夾口南渠為二澆至核桃南。分水渠上：張步林一地十畝、二地九畝。桑園：趙國璧三地十六畝。長畛地：郭本善四地十四畝，柴保生五地十一畝。南壇上：柴本生六地八畝，柴懷德七地十六畝。渠西：郭本善八地四畝，郭可居九地三畝、十地十二畝。核桃南：柴本生十一地四畝。一日水中渠為三澆至中渠下止。柴天恩一地一畝，郭學經二地四畝，郭本明三地四畝。裴家地：徐敦宗四地十三畝。柴三日水北渠為為首澆至油子上止。橫畛里：張連級一地七畝，趙國璧二地五畝。桑園：張學禮三地五畝，柴自誠四地四畝，柴義德五地四畝，趙國璧六地十五畝，張步林七地四畝，郭學經八地三畝。柴自誠九地七畝，柴五典十地九畝，柴天恩十一地四畝，郭本明十二地四畝，柴永安十三地十八畝。關帝廟西：郭可居十四地六畝。山神廟前：柴義德十五地四畝。小橫畛：柴自誠十六地二畝五分。油子上：郭本明十七地十畝。柴三日南渠為二澆至山灣止。柴自誠一地五畝，柴五典二地四畝、三地七畝、四地八畝。山灣里：柴勝武五地八畝、六地二畝。核桃南：柴玉生七地四畝，柴永福八地三畝、九地一畝五分、十地二畝，柴龍章十一地三畝，十二地二畝。中渠為三澆至渠根。柴自誠一地四畝、二地四畝五分、三地四畝五分。柴天恩四地四畝。

永垂不朽

南馮里澗水出自洪源始湧賴以灌田謀生者不下二三百家詎料洪

源溝郭逢玉於去年舊歷七月間擴充畦地竟將溝古渠欧填十餘太涯塞泉眼約數十孔以致

下流水勢銳減不能灌田損失密為治鉅執事曾以改渠填害禾稼苹情呈票縣府蒙縣長張

委董技士殷傑勘驗屬實堂判除飭郭逢玉仍將渠欧歸舊道外並負擔訟費洋十八元賠償損失

洋三十元以示薄懲惟本里人稠地狹全賴此水灌生無如連年元旱水勢日降執事者輒

思以人力勝天鑿井疏泉不遺餘力此次郭逢至念之貪填毀渠道越時四十餘日其間雇工汲

我里後之執事者相机防阙敬謹將事慎哦營之苦哀謹志顛末以警將來

井枯耗資財而秋收歉種愆期無形損鉅雖經賠償為數寥寥與杯水車薪何異希

縣高等畢業　管相桓書
孫仰植書

邑士楊仲銘修撰

村長張國棟校正

首人
王相桓
張文彬
張繼光
楊福堂
楊作昭
楊再泉

民國二十六年六月初一日立

鐵筆匠宵立基

1103. 南馮里護渠訴訟碑

立石年代：民國二十六年（1937 年）
原石尺寸：高 102 厘米，寬 43 厘米
石存地點：運城市芮城縣南磑鎮南衛村

〔碑額〕：永垂不朽

南馮里澗水出自洪源溝，更藉沿渠小泉灌注。水流始涌，賴以灌田謀生者，不下二三百家。詎料洪源溝郭逢玉於去年舊曆七月間，擴充畦地，竟將溝後古渠改填十餘丈，湮塞泉眼約數十孔，以致下流水勢銳減，不能灌田，損□甚爲浩巨。執事曾以改渠填泉傷害禾稼等情呈稟縣府。蒙縣長張委董技士殿傑勘驗屬實。堂判除飭郭逢玉仍將渠改歸舊道外，并負擔訟費洋十八元，賠償損失洋三十元，以示薄懲。惟本里人稠地狹，全賴此水灌田謀生，無如連年亢旱，水勢日降。執事者輒思，以人力勝天，鑿井疏泉，不遺餘力。此次郭逢玉一念之貪，填毀渠道，越時四十餘日，其間雇工汲井，枉耗資財，而秋禾歉收，麥種愆期，無形損□□□巨。雖經賠償，爲數寥寥，與杯水車薪何異？希我里後之執事者，相機防閑，敬謹將事慎毋□□□，□營之苦衷，謹誌巔末，以警將來。

縣高等畢業孫仰□、管相桓書，邑士楊作銘修撰，村長張國棟校正。

首人：管相桓、張文彬、王澤、張福堂、張繼光、楊作銘、楊采蘭、楊弄璋。

鐵筆匠：甯立基。

民國二十六年六月初一日立。

民國時期（二）

2409

1104. 西社村閤社公議禁約碑記

立石年代：民國二十六年（1937年）
原石尺寸：高125厘米，寬68厘米
石存地點：長治市平順縣北社鄉西社村

〔碑額〕：禁山河碑

西社村合社公議禁約碑記

合社公議禁約事：照得，西社一村東□旱河，南有石河，西北兩處皆山，水繞山環，星棋羅密，其比戶之發祥，居人之清秀者約在此矣。然山早已禁矣。惟村南石河之水，兩岸地戶嘗有引撥灌溉田地，亦有因□理田地偷將原來河渠侵占，以致河身窄狹，每逢大雨，屢遭橫決之患，河水泛瀾，一往莫遏。而村南一帶，田園墳墓盡被其害。合社公議，以後一再有撥水灌田暨修理自己田地侵占河身者，一經發覺，按地值減半罰錢。又因昔年曹天才報稱曹□□刨毀主山一事，當時眾維首以□□罪出無心，罰伊制錢五百文了事。公議續添禁約，以恐後人一再蹈前轍。計開續添禁山界限：西至舊界南山巔盡處，再西一山係曹□山開窩之處，俗名小腦上，前後均在禁數。留得中間山腰一處，舊有石窩，聽其取用，總以在村中望不□為是。東界至舊界之山巒腳根，俗名會腳。此處只許牧放六畜，□不准采取石塊。嗣後再有在禁界內采取石塊者，一經發覺，看家議罰。此乃清宣統二年所定，續添禁約之概要。當日雖向村眾宣布，然未立石注明，以垂永久。迨民國二十五年，有石匠某在小腦山後開取石塊，希圖漁利。當經村眾罰辦，將罰款□為建碑費用，於是隨將舊日所定禁約，原文采精擇要，補其未備，立石以示昭垂。謹記。

山西省立第四中校卒業實驗學校校長曹鴻吉刪録，山西私立太原新民高級中學校肄業曹□□書丹。

原來添續禁山河維首：□建邦、曹景忠、曹紀雲、□□成。

值年四季社維首：曹瑞五、曹懷魁、曹建功、曹丙全、曹春迎、曹寶拴，同立。

玉工馮元龍、張學孔鐫。

中華民國二十六年菊月。

1105. 太山龍王廟重修碑誌

立石年代：民國二十七年（1938 年）
原石尺寸：高 79 厘米，寬 50 厘米
石存地點：臨汾市蒲縣克城鎮河北村

太山龍王廟重修碑誌

爲善之途莫大於施捨，而施捨之功永莫大於創修廟宇，補舊重新。自清修善，有吾鄉曾祖父臥碑可考，至今尚未多年塌毀，聖像剝落不堪。首事等目睹心傷，不忍坐視，姑議重修，因糾合五村，翰財翰力，仍依舊椽，不敢改作，所加者外檐窗櫞。奈因年光不靖，人民洋不足幸，甚是困難。龍王靈神之顯，禱雨必應，有求必靈，乞風調而雨順，望國泰而民安。於是功成告竣，將勞心勞力者布施人等刻石落銘，以永垂不朽。望後之君子，保此廟而常在，佑人民而庇無疆之福矣。

清增生登龍元逢垣書。

陰陽：劉世登。

經理人：郭成功、王德政、王全義。

糾首：郭金旺、許長華、王興邦、劉世顯、孟懷仁、馬金堂、閆進萬、□興元，以上各施洋三元。孟懷禮、郭得元、閆仁全、許志興、元天明、王興珍、王興元、郭金盛、石百水、孟懷彪、謝家成、郭文興、郭文彬、以上各施洋兩元。郭福喜、郭玉喜、郭馮元、郭愛喜、郭福家、牛生金、劉生唐、孟效喜、許見榮、閆書全、元天府、劉四元、郭補元、蘇和德，各施洋壹元五。村□記各一元五。

香首：趙保施洋兩元，許成財一元，生員王慎政洋一元五，寨洪社洋壹元，劉懷富、劉懷貴、王功政、王興發、楊□、楊槐、楊頌、楊祐，各施一元五。張□□、王兴榮、王興漢、王興明、王興周，各施一元。孟懷有、趙興智、趙金秀、劉憲章、李正華、楊逢成、徐梁、牛天保、雷聲發、雷聲雨、郭金元、郭金成、許成祥、郭文學、許德全、劉保安、郭喜全、郝□元、要金富、王尚先，各施洋壹元五毛。郭金倉、衛大王、劉其唐、閆三准、許喜果、劉金有、王文明、安樹松、於行忠、侯世昌、劉聰富、劉尚德、王冼周、韓得禄、師光生、游順保、賀長根、杜德昌、劉文顯、王振章、張金財、隰縣陽□，各洋伍毛。

代筆生邑後學元雲仙施洋五角。石工劉師刊立。

民國二十七年戊寅桂月一日穀旦。

1106. 重修老井新井碑記

立石年代：民國二十九年（1940 年）

原石尺寸：高 40 厘米，寬 101 厘米

石存地點：運城市稷山縣化峪鎮南位村

重修老井新井碑記

啓木取火，啓井汲水，足見井泉之水爲人類生活之必要，不可一日離者也。我社觀音堂前有古井一眼，因水不足，屢次重修，成功僥幸，總未得到圓滿之結果。今夏天旱，社人又感井水之不足用，幸有急公好義者諸人集衆商□，咸皆樂從。於是覓其良匠，即日動工，拆舊困，□□困，深行兩丈許，啓下三困，高有五丈餘。涓涓者水，遂轉而爲瀲□矣，一夜之間，涌過兩丈多深矣。雖謂神靈之默佑，亦係我社人踴躍所致耳。又因東井洞內頹壞，亦加修補。工竣，共化費洋肆百伍拾餘圓，按門兒、人口、粮單、牲口四項拉平起款。經理諸公欲記其事，以知後人，求記於余。余即援筆記之，以期永垂不忘云。

陝西省民立中學校畢業彭啓文撰文。

今將施財花名列左：

薛永祥洋拾五元六毛八分、工七日、飯二日。牛全盛洋拾貳元一毛八分、工拾日、飯二日。薛永豐洋拾一元六毛八分、工八日、飯二日。王清江洋拾一元二毛二分、工五日、飯一日。劉鶴鳴洋拾元零九毛九分、工七日、飯一日。薛永元洋拾元零九毛五分、工九日、飯二日。彭林生洋玖元九毛四分、工六日、飯一日。劉克榮洋玖元九毛四分、工五日、飯一日。劉國祥洋玖元八毛七分、工六日、飯一日。劉茂盛洋玖元一分、工八日、飯一日。何詩柱洋八元八毛九分、工八日、飯一日。劉克發洋捌元八毛貳分、工五日、飯一日。牛金來洋捌元四毛七分、工六日、飯二日。牛夢虎洋捌元零五分、工七日、飯一日。劉學恭洋柒元九毛八分、工五日、飯一日。何清雁洋七元九毛八分、工五日。薛毓瑞洋七元五毛六分、工六日、飯一日。牛全鎮洋七元五毛六分、工六日、飯一日。薛毓秀洋七元五毛六分、工七日、飯一日。牛夢龍洋七元四毛四分、工六日、飯一日。薛永慶洋七元三毛四分、工六日、飯一日。牛全魁洋七元貳毛八分、工五日、飯二日。王雨順洋七元二毛八分、工五日。王金城洋七元零七分、工七日、飯一日。劉克慶洋七元零七分、工六日、飯一日。牛全家洋六元九毛三分、工五日、飯一日。牛懷恭洋六元八毛六分、工四日。劉克堂洋六元八毛六分、工六日、飯一日。王金柱洋六元七毛九分、工四日、飯一日。牛全貴洋六元六毛五分、工二日、飯一日。王永順洋六元六毛五分、工四日。彭啓國洋六元六毛五分、工七日、飯一日。彭蘭生洋六元五毛八分、工四日。劉學敏洋六元五毛八分、工七日、飯二日。劉學寬洋六元四毛四分、工五日。薛酉生洋六元四毛四分、工四日。王思恭洋六元三毛、工五日、飯一日。牛懷儉洋六元零九分、工四日。彭啓明洋六元零九分、工七日、飯一日。彭啓子洋六元零九分、工五日。牛全雨洋五元九毛五分、工六日、飯一日。劉學惠洋五元九毛五分、工四日、飯一日。薛寅生洋五元九毛五分、工六日、飯一日。王清洲洋五元八毛八分、工四日。王鎖管洋五元八毛一分、工七日、飯一日。彭啓圖洋五元五毛三分、工七日、飯一日。薛毓奇洋五元四毛六分、工四日。牛全正洋五元三毛貳分、工四日。牛忍容洋五元三毛貳分、工四日。王吉順洋五元一毛八分、工四日。薛毓祥洋四元九毛、工六日、飯一日。彭德風洋四元七毛六分、工二日。彭德福

洋四元六毛貳分、工二日。牛崇喜洋四元六毛貳分、工四日。王順和洋四元貳毛、工三日。牛星明洋四元二毛、工四日。何林雁洋四元二毛、工三日。王全順洋三元九毛二分、工二日。薛寧氏洋三元九毛一分、工一日。劉轉運洋三元七毛一分、工四日。彭啓文洋三元四毛貳分、工二日。王清海洋三元貳毛二分、工三日。王石頭洋三元零一分、工一日。牛猛彦洋二元玖毛四分、工一日。牛小河洋二元一毛七分、工一日。王思温洋貳元零叁分、工四日。劉金生洋貳元、工一日。劉合德洋一元。

新盛泰洋五元。張占勤洋貳元捌毛、工二日。寶泰樓洋貳元捌毛、工三日。薛元兒洋貳元一毛。金廣福洋一元四毛、工四日。

共洋四百五拾九元一毛八分。共工叁百四拾一日，共飯四拾叁日。

經理人：劉學惠、劉克隆、牛全鎖、王清江、何鴻雁、薛永光、牛元啓經賬并書丹、彭啓國。

井架：王金口。匠：胡家莊張辛德。津邑西王村王九州刻。

民國廿九年歲次庚辰中秋節立。

劈木取火入井汲水足見井泉之水為人類生活之必要不可一日離者也我社泌齊堂前有古井一眼因水不足咸井水之不足用幸即日動工拆舊圍以深而為困深公兩社人夜之間湧過兩耳又深矣雖謂者水遂又屢次重修成功倭伴經未得到圓潤之結果今夏天旱社一犬誅之下於是覺其良臣即日動工拆舊圍困深我社人間湧致兩犬又因東井洞內頗壞亦加修補亦破其化費洋肆百伍拾餘圓按門兒人口糧單生口四頊近等記之歟又經理諸公欲記其事以知後人求記於余余

《重修老井新井碑記》拓片局部

1107. 重修井厦記

立石年代：民國三十年（1941 年）
原石尺寸：高 40 厘米，寬 68 厘米
石存地點：運城市聞喜縣㠉底鎮上寬峪村

重修井厦記

嘗思天下事創立於前者固爲難，而能繼修於後者亦不易。本村中節原有古井兩眼，此井居其一，而泉水頗稱盛旺，合節取水，惟此井是賴。但原建井厦一間，年久頹圮，汲水之人恒感烈日暴晒、風雨不便之苦，久欲修葺，奈財力不足，有□□□。□年秋後，合井人等僉議，須按人口收麥，以成斯舉。衆皆欣然，□□□□鳩工庀材，擇吉興工，不數日而工告竣，可謂能繼修於後者矣。□□□石，以示後之有所考耳。

前清邑庠生員朱□秀謹撰，舊制中學畢業朱子明敬書。

謹將□麥人開列於左：朱文秀大洋十六元五角，朱若秀大洋十三元五角，朱立發大洋九元，朱啓秦大洋七元五角，朱致榮大洋十元零五角，朱則惠大洋四元五角，朱則敏大洋十五元，朱增盛大洋十六元五角，朱玉盛大洋四元五角，朱得際大洋六元，朱明鈺大洋七元五角，朱明鎰大洋十七元五角，朱明英大洋六元，朱韞玉大洋十二元，朱協和大洋十二元，顏献廷大洋十八元，朱遵舜大洋十六元五角，朱金珠大洋三元，朱秀章大洋十八元，朱國梁大洋十元零五角，朱憲章大洋九元，朱懋德大洋十三元五角，蘇合成大洋二十七元，朱士琳大洋二十一元，朱士璋大洋九元，朱懋功大洋十二元，朱懋續大洋六元，朱金山大洋十三元五角，朱德泉大洋二十四元，朱德曹大洋二十七元，朱知悌大洋三元，朱甲榜大洋十九元五角，朱立有大洋十五元，朱時羑大洋四十元，朱知慎大洋十二元，朱壽松大洋六元，朱全發大洋一元五角，朱思明施洋十三元五角，李宗堂施洋十元。

承管人：朱知清、朱啓泰、朱遵舜、朱明鎰、朱喜良鐵筆。

中華民國三十年十一月初二日立。

1108. 大王會記事碑

立石年代：民國三十一年（1942 年）
原石尺寸：高 45 厘米，寬 85 厘米
石存地點：晋城市澤州縣巴公鎮西郜村南閣

〔碑額〕：大王會記事碑

吾村南閣，位居要衝，楼台宏敞，殿宇清幽，猶□南北交通之鎖鑰，堪稱吾村偉大之建築也。閣上奉祀金龍大王一尊，神灵赫濯，默佑一方，海晏河清，風調雨順，合村老幼無不戴德。此閣創自何年，無法稽考，但查嘉慶十三年所立碑記，始知業有大王會負責祭祀并常補葺。斯時先祖諱世倫旅外經商，亦曾捐資襄助其事。該會極盛之時，良田百畝，五穀盈倉，設置完善，有逾社事。民國初年，不知何故，海市蜃楼，頓形消滅。

張公子政、鴻圖，族長萬鎰，崔公竹齋，暨先嚴諱永昌，敦禮重義，素敬神明，不忍神事從此斷絶，乃于民國六年聯絡志同道合者十三家，另行成立大王會，以繼香烟。初時會中積資甚微，簡單祭祀尚感拮据，後經會友苦心經營，對於神事才覺裕如。每逢聖誕，除備鼓吹恭誠獻羊外，民國廿七年前獻戲，故次民國廿九年大施補葺，若非時局關係，夫可恢復前會盛時。

邇來兵燹未消，凶年又至，人心恐慌，如坐針氈。衆會員等念及目前無有寧時，□守尚難，進展何易，囑余爲文，記其顛末，勒之於石，以作紀念云。

里人李孔安撰文，張鴻慰題額，李□□書丹。

監察：李慶成、張心齋、□萬鎰。

庶務：靳向榮、張水孩、許豐源、李成文、李春祥、李重慶。

本會經理：張鴻圖。

會計：崔竹齋、任維新、原□真。

玉工：李文忠。

民國三十一年十二月初七日。

民國時期（二）

2421

水□□井碑記

子云民非水火不生活是水也者吾人不可一日而離也余村
同泉深掘井不易每屆春夏之交恆感食水涸竭甚□常以為憂後乃
木有李公結祥通順等倡議掘井一眼衆皆樂從相視地基一方乃
為李公生蘭慷慨所捨於是擇吉興工合族人皆踴躍力作不期月
而工竣共計費洋八百有奇按人口門戶貪將見淵泉滾滾水
甘味美取之不盡用之不竭爰將勞力鳩財之勞名刻諸項瓶以垂
永遠於不朽是為記

新民小學教員李子樹華譔文並書

合族輸財姓名列左

新置汲水家具一付計洋壹百元　　李千祥　鐵筆

李興盛　　捐洋七十七元
李端興　　捐洋壹百六元
李和祥　　捐洋八十四元
李千祥　　捐洋七十四元
李跟鎖　　捐洋九十二元
李來順　　捐洋七十七元

李長鎖　　捐洋壹佰六元
李生芝　　捐洋七十二元
李誦順　　捐洋七十二元
李旦順　　捐洋七十二元
李生閣　　捐洋五十四元
李保賢　　捐洋六十三元

中華民國三十三年四月吉旦立石

1109. 東窑裏鑿井碑記

立石年代：民國三十二年（1943年）
原石尺寸：高48厘米，寬48厘米
石存地點：臨汾市襄汾縣陶寺鄉安李村

東窑裏鑿井碑記

孟子云："民非水火不生活。"是水也者，吾人不可一日而離也。余村地高泉深，掘井不易，每届春夏之交，恒感食水涸竭，居民常以为憂。癸未春，李公緒祥、通順等倡議掘井一眼泉，衆皆樂從。相視地基一方，乃爲李公生蘭慷慨所捨。於是，择吉興工，合族人皆踴躍力作，不期月而工告竣。共記費洋八百有奇，按人口門户負担。将見淵泉滾滾，水甘味美，取之不盡，用之不竭。爰將勞力输財之芳名刻諸貞珉，以垂永远於不朽。是爲記。

新民小学教員李树華撰文并書。

合族输財姓名列左：李興盛捐洋七十七元，李長鎖捐洋壹百六元，李端興捐洋壹百六元，李生芝捐洋六十三元，李和祥捐洋八十四元，李通順捐洋七十一元，李千祥捐洋七十四元，李曰順捐洋七十一元，李跟鎖捐洋九十二元，李生蘭捐洋五十四元，李来順捐洋七十七元，李保賢捐洋六十三元。

新置汲水家具一付，記洋壹百元。

李千祥鐵筆。

中華民國三十二年四月吉旦立石。

民國時期（二）

2423

陸軍上將第二戰區北區作戰軍總司令兼十八區組政軍經教統一行政委員會主任委員定公溪蓉禱雨紀念

惠及民生

孝義縣下盤村南頭村全體人民公立

1110. 楚公溪春禱雨紀念碑

立石年代：民國三十二年（1943年）

原石尺寸：高174厘米，寬82厘米

石存地點：呂梁市孝義市下堡鎮下衛底村

惠被民生

陸軍上將第二戰區北區作戰軍總司令兼十八區組政軍經教統一行政委員會主任委員楚公溪春禱雨紀念。

孝義縣角盤村、下□□、南頭村、北頭村全體人民公立。

民國時期（二）

1111. 後留城村開渠碑文序

立石年代：民國三十三年（1944 年）
原石尺寸：高 157 厘米，寬 77 厘米
石存地點：朔州市朔城區張蔡莊鄉後村龍王廟

〔碑額〕：增産報國

後留城村開渠碑文序

水利建築乃近代新興之農業工程也，在往昔雖亦有水利之應用，但究尚不甚普遍。殆晚近科學發達之後，乃知土地一經水之灌溉，能使其中養料溶解，充分供給植物所需，化不毛而爲良田，農作物之生産不期然而自然增加，于農業經濟實有密切之關係焉。故政府有推動之令，民間亦有組合之設，官民通同認爲此項建築爲急切需要不可緩之工程也。惜至事變之後，農業刁蔽，而以增産之念爲懷，用克服時艱之精神，可達到战時增産之目的者，實乏其人，而亦無幾村哉。惟我後留城村，突破其例，首創開渠，但亦因有斯人而始有此舉。廈閣聯合村長陶全五先生，目睹管内山青梁、板窑坪兩界之間，每夏山水瀑發，其量雖微，其性最肥，可惜任水自流，直流至高庄村，以有用之水而歸于無用之地，誠可浩嘆。先生有鑒及此，遂提倡開渠，登高一呼，群起嚮應。先生唱之于前，衆人和之于後。畫定灌域，繪具圖說，呈請水利會備案。幸獲得該會主任王繩禹先生贊助，又蒙夏縣長嘉許，手續方爲完整。乃于成紀七三八年三月十日開工。先做幹渠一道，由西而東，延長五里後又開支渠二道，共需費洋三千餘元。不數月而工竣，水到渠成。凡我村人，地在灌域内者，無不受其水之利，二村之生産遂因此而增；一鄉之財源又由此而闢，對實業界亦不無多少貢献。此等成果未非不是先生所予之謀也，捨先生而即有□□，其中恐不免有所阻，終難期其完成此萬世無疆之業。先生之于村人，可謂爲功德無量矣。然村人之于先生抑莫非無以報之乎？爰立斯碑，以歌先生之功而頌先生之德，并載其渠之所緣起，工之所告成。又恐代遠年湮，撰此文以誌不忘云爾。

前清增生民國年山西中陽縣秘書張驥撰，中央籌堵黄河中牟決口委員會總務處科員曹建寅書。

經理人：盧耀、盧敏、盧承烈。

定邑劉貴蘭鎸刻字。

成吉思汗紀元七三九年九月二十一日立。

寺宸村西開開水渠碑記

民國卅三年春災荒嚴重共產黨領導縣政府號
召開展大規模生產運動村幹部熱心公益事業就
召開村民會議檢討已過燈植森林又無組織
群泉修理河道以致洪水橫流冲去水地內分
僅利六十餘畝村民感到不再沿行開開渠道竟無
失掉灌溉之利生產無法增加於是就倡導開開新
渠埧加生產成立修渠委員會員責領導開新渠道
經過山角石嶄于開鑿需得鑽石眼貫火藥崩下
深與寬各二尺叧寸長卅五步往西至右又有
一拖角前下四尺餘深寬三尺長尺水如能流通
測量渠道有三重長估計工程一半在是筆大款
又如以去春後荒嚴重日冠連年掃蕩飢民過半實
抗院師訓班畢業擔伍該村初級小校教員宗漢高樹識謹撰並書
閒梁委員會董事富蘭武玉順
村長王有定
張簡恒
工匠常樹和
玉

中華民國三十四年陽曆五月卅七日立石

縣府王連佐區所白磐太二校在志遇來村工
作品及之熱忱賢助鼎力指導借給公糧米卅
石洋壹萬武冗並向群泉解釋今失政府是照顧群泉
利益無利借貸群泉歡呼共產黨果然是群泉救星
在陰前四月就開始包工約討用壹年畫千五百有餘
炸藥四五十斤銅鐵五冗根需小水六十五石八月間
工成告竣橋巧不惧每峽應爾來四斗七升弱群泉感到
苦收開何能做遠窄前的偉業入民亦得不到一分
天的人民抗日政府上下一致利害相起連
永得的利益日久難記聊作片段以誌不忘

1112. 寺底村西開闢水渠碑記

立石年代：民國三十四年（1945 年）
原石尺寸：高 125 厘米，寬 67 厘米
石存地點：長治市屯留區漁澤鎮寺底村公所

寺底村西開闢水渠碑記

民國卅三年春，灾荒嚴重，共産黨領導抗日政府，號召開展大規模生産運動。村幹部熱心公益事業，就召開村民會議，檢討已往□乏培植森林，又無組織群衆修理河道，以致洪水橫流，冲去水地四分之三，僅剩六十餘畝。村民感到不再另行開闢渠道，水就失掉灌溉之利，生産無法增加，於是就倡導開闢新渠，增加生産，成立修渠委員會負責領導。無奈渠道經過山角石崗，難于開墾，需得鑽石眼、貫火藥，崩下深與寬各二尺五寸，長卅五步，往西百步左右。又有一拖角崩下四尺餘深，寬三尺，長八尺，水始能流通。測量渠道有三里長，估計工程二千左右，是筆大款。又加以去春灾荒嚴重，日寇連年掃蕩，飢民過半，實難生活，自顧不暇，何暇做此公益事業？正在左難右疑，縣府王廷佐、區所白磐夫二位同志適遇來村工作，言及之下，熱心贊助，鼎力指導。借給公粮小米廿石，洋壹萬元，并向群衆解釋："今天政府是照顧群衆利益，無利借貸。"群衆歡呼，共産黨果然是群衆救星！在陰前四月就開始包工，約計用工壹千五百有餘，炸藥四五十斤，鋼籤五六根，需小米六十石。八月間工成告竣，恰巧不誤種麥、澆地。共能澆壹百廿八畝半。結算賬後，每畝應出小米四斗七升弱。群衆感到非若今天的人民抗日政府上下一致，利害相連，痛苦攸關，何能做這空前的偉業，人民亦得不到一勞永得的利益。恐日久難記，聊作片段，以誌不忘。

抗院師訓班畢業担任該村初級小校教員宗漢高樹幟謹撰并書。

村長：王有定、張蘭恒。

開渠委員會：董乃富、武逢順、江毛旦。

玉工：常樹和。

中華民國三十四年陽曆五月廿七日立石。

民國時期（二）

2429

祈雨石刻序

盖闻山不在高有德則靈　吾邑東南蒲山山谷深

處有天然之石洞　以為馬而威名蓍靈應

之風　時有祈禱之事　客歲盂仰天

賜禱旱百不雨人心惶悚即野焦土仰天

咻望無聲救若正在東手無策之際耳

處祈禱熙雨不滴賭雨之舉共古瘗又

足登所佛門善士諧祈雨之求神終未發

月初三日召集圖所民象群西山里長嶺所

神仙之有求必應酬謝之餘心感莫及祇得

歡樂田禾滋潤雞係吾儕

然作云沛然下雨未逾三日甘露普降

好蜇而作為行宮住白馬優洞祈雨虔誠

立石以誌不忘云

謹誌　畢業生員

梁鴻賓撰

王貴陞書

施　銀　洋　潘家溝　村　各

車家梁二十元　霍家坡六元　于家塢二十元　王家山四元　賈柏里十五元　崔家庄五元　劉家庄五元　鄭家祠三元　楊家掌七元　馮家塢三元　西山里十八戈　新崖上三元　岳穩庄七元

正

王樹清　薛燧法　郭樹棠　李仲良　王步正

糾

王和令　胡建延　胡郊芝　王吉嶺　王貴鴻

征

王清元　王壽元　施容

首

馬玉海　王和平　王貴福

村大上河三元　寺頭村二元　新倉槃五元一斫則爲四元

中華民國三十四年十一月初九日立石

1113. 祈雨石刻序

立石年代：民國三十四年（1945 年）

原石尺寸：高 45 厘米，寬 63 厘米

石存地點：呂梁市離石區田家會街道好鰲廟

祈雨石刻序

蓋聞山不在高，有仙則銘。吾邑東南隅山谷深處，有天然之古洞，以白馬而成名，素著靈應之風，時有祈禱之事。客歲孟夏，正值農忙，天賜災旱，百日不雨，人心惶悚，四野焦土，仰天呼望，無聲救苦。正在束手無策之際，耳聞處處祈禱，點雨不滴；賭村村求神，終未獲效。如是本所佛門善士共商祈雨之舉，於古曆七月初三日，召集合所民眾，藉西山里長嶺所好鰲廟，作爲行宮，往白馬仙洞祈雨。祈畢，油然作雲，沛然下雨。未逾三日，甘露普降，人心歡樂，田禾滋潤。雖係吾儕之祈禱虔誠，抑亦神仙之有求必應。酬謝之餘，心感莫及，祇得立石，以誌不忘云。

謹誌畢業生員梁鴻賓撰，王貴陞書。

各村施銀洋村：西山里十八元，殷家山三十元，賈柏里十五元，于家塢二十元，車家梁二十元，紅眼川二十元，師家峁二十元，水峪里三十五元，唐則橋二十元，潘家溝六元二，新舍窠五元一，大上河三元三，楊家掌七元，刘家庄五元，王、馮家莊五元，王家山四元，霍家坡六元，王穩庄七元，馮家塢三元，新崖上三元，賈家溝三元，喬家庄三元，蘆則塢四元，寺頭村二元。

經理糾首：王四世、張登科、王學荣、王清元、郭樹棠、薛峻清、王三吉、王和合、郭樹清、王貴法、溫長耀、刘士俊、馬海、馬玉海、刘步吉、王礼魁、王吉富、王吉嶺、王貴海、王步正、李仲良、胡邦元、胡獻芝、胡廷法、高長有、馮廷法、王榮廷、王和平、王貴福，以上各施銀洋三角。

住持：任永義。鐵筆：張維亮。

中華民國三十四年十二月初九日立石。

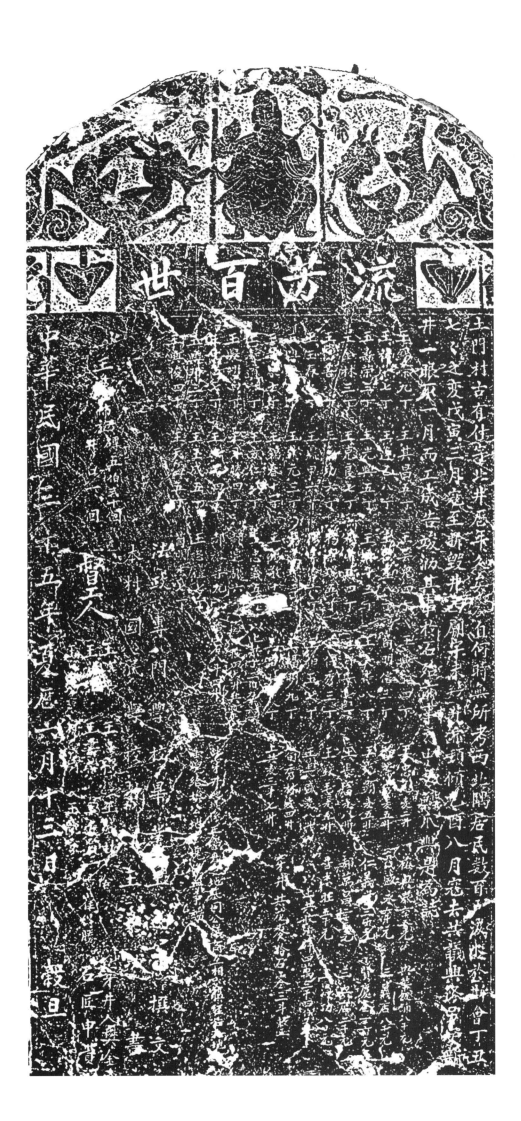

1114. 新修水井碑

立石年代：民國三十五年（1946年）
原石尺寸：高108厘米，寬59厘米
石存地點：臨汾市堯都區土門鎮土門村

〔碑額〕：流芳百世

土門村古有什字北井，歷年久矣，□自何時無所考，西北隅居民數百户汲水於斯。會丁丑七七之变，戊寅三月寇至，拆毀井西廟宇，未幾井亦頹傾。乙酉八月寇去。共議興修，另穿新井一眼。不一月而工成告竣，泐其事于石，殆亦事變中之鱗爪，與是爲誌。

法政專門學校畢業王逢乙撰文，本村國民學校教□王□□書。

王錫榮九丁，王祥榮七丁，王壽榮三丁，王金林三丁，王□善八丁，王玉春□丁，王興□□丁，王□泉七丁，王凝道六丁，王凝耀四丁，王□□七丁，王興邦三丁，王興俊四丁，王其昌五丁，王逢乙八丁，王光興五丁，王克良七丁，王□勤六丁，王鼎甲六丁，王鼎元三丁，王錦春十一丁，王方仁八丁，王月勝四丁，王□□四丁，王玉成五丁，王田□五丁，王云兒四丁，王□興八丁，王□平三丁，楊宗□四丁，楊宗□五丁，□□□六丁，楊宗□三丁，王□敬十□丁，王忠義五丁，郝連驪六丁，郝雄孚九丁，王忠禮七丁，荀明杰七丁，王興□四丁，荀明信三丁，王天壽八丁，王保安七丁，王保秀三丁，王伯玉七丁，王福明九丁，王□□八丁，以上共丁三百九十六丁。每丁按四大升，共收麥□□石八斗四升。

王忠□麥二升，□□□麥五升，王光顯麥五升，王長富麥八升，王鐵毛麥五升，王長盛麥八升，荀秀林麥四升，以上共麥三十七升。

裕興泰六千五百元，茂盛永六千元，仁義堂三元，郝萬昌二千元，□來旺五千元，興華飯鋪八千元，三義店八千元，賢慶全一□元，三興店二千元，王得功八□元，以上共收法洋四萬三千四百元。

穿井共花麥拾石零三整。此穿井地塊系王□□之地基，同公議□互相交換，經占□地壹塊，給換公地壹塊，後無争端。

王逢□布施磚五佰貳十個，井□一個。

督工人：王□榮、王□□、王□□、王□□、王普榮、王□□、王□□、楊□□、王□□。

陰陽□崔得勝，穿井人樊金□，石匠申貴□。

中華民國三十五年夏曆六月十五日穀旦。

重見天日

1115-1. 閆家莊與蘇村莊分水碑記（一）

立石年代：民國三十六年（1947 年）
原石尺寸：高 138 厘米，寬 59 厘米
石存地點：運城市新絳縣古交鎮閆家莊村娘娘廟

〔碑額〕：重見天日
□家莊與蘇村莊分水碑記

余莊與蘇村莊在□川上原爲東西二社，自隋至今千有餘年。因人事、財政、澆灌不公，遂自民國三十四年七月間，由村副閆錫朋協助呂貴榮等涉起訟端。至三十五年三月間，由龍泉治村處理，增加人事。九月間，縣府指示，准閆家莊按五人設置，中蘇村按十五人設置。而蘇村始終拒□，不予接受。又借伊……聯絡七莊，以大壓小，欺侮小村。我以寡不敵衆，遂訂城下之盟。十月間，成立和約，立悔過書，響鼓樂祭梁公，設筵□罪，罰洋五萬元□了其事。本年二月間，復因掏渠、頂夫發生糾紛。三月卅一日夜晚，適遇張建行、呂玉臣被匪徒擊斃，該村水利渠長張廷□等即謂有機□乘，便異想天開，陰匿真情，計謀血口噴人，張冠李戴，藉端圖報，將此重大人命一案，加于水利代表呂貴榮、閆子才等頭上，企圖水事勝訴之助。在前縣府警察局報告我代表呂貴榮勾結叛人，率領村民打死張建行、呂玉臣；在民主政府報告我代表呂貴榮、閆子才等是土匪，有□械。及至三十六年七月間，民主政府在南李村召開農民公審戰犯大會中，蒙吳秘書諸翁明察秋毫，戰犯席根□等公認同夥搶劫，打死張建行、呂玉臣，不□□已見諸《晋南人民報》端。有報章及布告爲證，余村不白之冤從此申明。分水合同得以成立。謹將前龍泉治村代電、縣府指示原文以及兩村分水合同勒之於石，永誌不忘云。

龍泉治村代電原文：

龍泉治村公所，三十五年三月二十四日。龍政建水字第一號。

代電事由：電示閆家莊與中蘇村爭執水利處理辦法，仰□照轉飭實行，由閆家莊居村村副并轉飭水利局負責同志覽。

奉縣政府政建水字第一四五號（35）寅巧代電節開寅養龍、□政建、寅齊代電悉，茲核示辦法如下：

（一）分水應召集雙方負責人合謀處理，必須按遵三十四年第三區督選組《改進水利試驗辦法》實行爲妥善。

（二）人事上，准閆家莊占渠長一□□□□人，水□閆家莊占三分之一。

（三）負擔由治村按兩村地畝多寡酌情秉公處理。

以上各條，希遵照并轉飭該二居村水利負責人遵照，如有抗違，即以搗亂份子送縣懲處爲要。等因奉此，仰該居村遵照上峰指示各節，即日實行，萬勿搗亂，自取法戒爲要。

村長朱炳彰，寅回龍□建浮水印。

新絳縣政府代電原文：

新絳縣政府，三十五年七月四日。政建水字第三零五一號代電電示：

該村與中蘇村水利糾葛，仰遵照辦理。由龍泉治村、閆家莊居村水利代表呂貴榮五月宥日呈悉，查兩村原有水利代表共十六人，中蘇村爲十五人，該村一人。除飭中蘇村仍按十五人設置外，

該村准按五人設置。其餘一切，悉依古觀辦理。仰即遵照爲要。

縣長曹午□，政建印。

兩村分水合同原文：

立合同人：中蘇村、閆家莊。

因水利一事興訟年餘，難以合作，遂同民主區區長按地畝數與六晝五夜相分。中蘇村與龍泉姚戶地五百七十四畝有餘（夫名五十二名二），應分四晝三夜一點零四分鐘；閆家莊與南古交榮戶地三百一十六畝有餘（夫名二十八名八，内有榮巷六名），應分一晝二夜拾點五十分□。民主區長以交接水番時間用鐘點來作目標，誠恐雙方發生摩擦，因而以日出日落作爲交接水番惟一無二之良善目標故使中。（转下石）

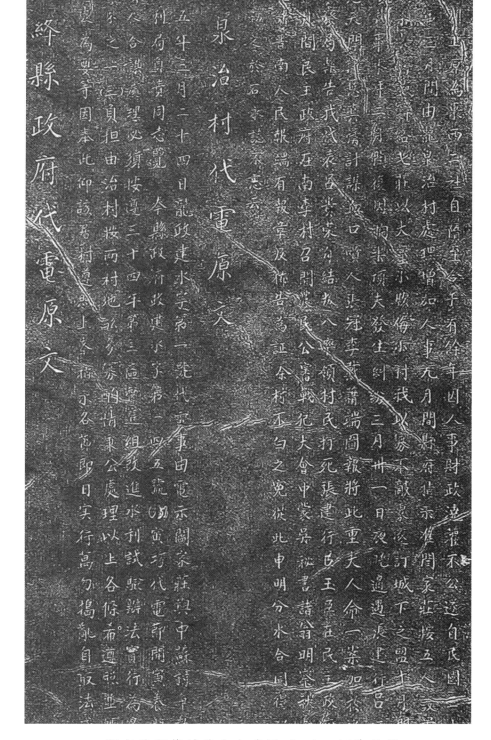

《閆家莊與蘇村莊分水碑記（一）》拓片局部

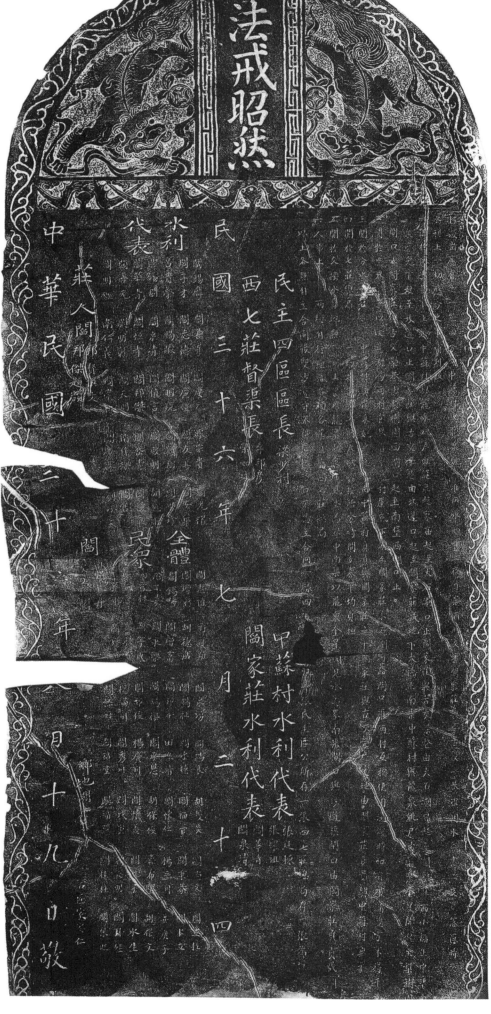

法戒昭然

民國三十六年七月

西七莊督渠長　郭少利

水利代表

甲蘇村水利代表

閭家莊水利代表

全體

民眾

中華民國三十　年　月十九日敬

1115-2. 閆家莊與蘇村莊分水碑記（二）

立石年代：民國三十六年（1947 年）
原石尺寸：高 138 厘米，寬 59 厘米
石存地點：運城市新絳縣古交鎮閆家莊村娘娘廟

〔碑額〕：法戒昭然

（接上石）蘇村撥出應有之一點四分□中蘇村換龍泉姚户，准用水四晝三夜，月落酉時交番；閆家莊……准用水□晝二夜，日落酉時交番。水利上一切應分之事項列後：

一、……上渠中蘇村與龍泉姚户由龍泉趙家廟起，至大石涮口止；閆家莊與古交榮巷由大石涮口起，至閆□□西小橋止。中渠□□□□兒下起，至墳道口止；閆家莊與古交榮巷由墳道口起，至閆家莊減地下大橋止。南渠中蘇村與龍泉姚户□龍泉奎星閣起，至梨樹□閘口止；閆家莊與古交榮巷由梨樹園西閘口起，至南堡西閘口止。

二、關於水界。以墳道涮爲兩村官界，□□□村崖底下涮至閆家莊小石涮河路閘口，准兩村互相使用。□灌時如有破漏，雙方不得幹□。

三、關於分水責任。中蘇村與龍泉姚户之□由中蘇村負責，與閆家莊無干。閆家莊與古交榮户之地由閆家莊負責，與中蘇村無干。

四、關於七莊總局。一切掏□興工，□夫納款，按所分時間多寡平均負擔。

五、關於交接水番地點。上渠以龍泉趙家廟見水爲界，中、南渠以龍泉奎星閣見水爲界，南渠閘口與沙道渠閘口由閆家莊負責截閘。

六、人事上，兩村自行組織，各項各莊直屬西七莊□局。

以上各點自立合同後，雙方遵守，不得□□。恐口不憑，立合同一樣四張，兩□□執一張，民主區公所存一張，西七莊總局存一張爲證。

民主四區區長：梁少村。

西七莊督渠長：李邦彥、榮如珪。

中蘇村水利代表：張廷揀、張耀祖。

閆家莊水利代表：閆華青、閆泉清。

民國三十六年七月二十四日。

水利代表：閆錫麟、閆子才……

全體民眾：閆志慎、閆增彩……

莊人閆邦賢撰文，莊人閆邦傑題額。

鄉地閆□□。

石匠家安仁。

中華民國三十六年八月十九日敬立。

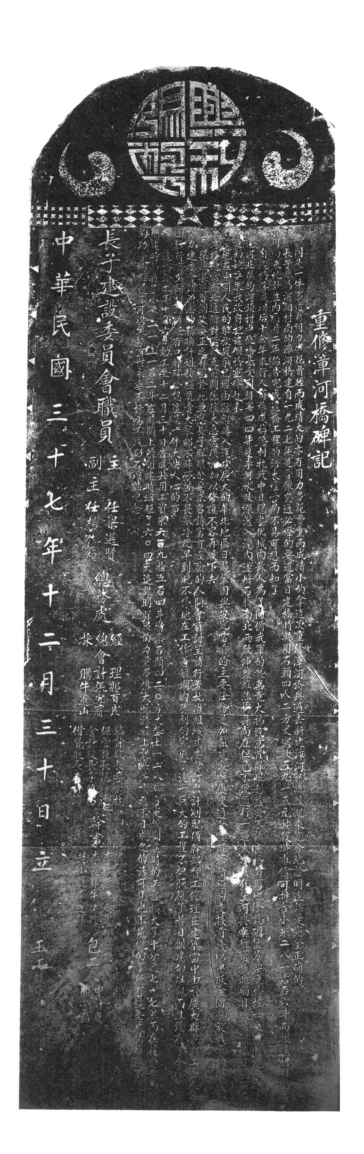

重修漳河橋碑記

長子建設委員會職員

中華民國三十七年十二月三十日立

1116. 重修漳河橋碑記

立石年代：民國三十七年（1948 年）

原石尺寸：高 215 厘米，寬 69 厘米

石存地點：長治市長子縣大堡頭鎮河頭村南漳河橋碑亭

〔碑額〕：興利除弊

重修漳河橋碑記

同是一件事情，有用力少花費輕而成績大的，亦有用力多花費重而成績小的。拿這次重修漳河橋與過去新建漳河橋比較起來，充分地證明這話完全是正確的。

長子縣屬河頭村南的漳河橋建自一九二七年，是晉豫交通必經的要道，當日建橋時共用石頭四八二方丈，需款五九一五元，按彼時市價可折合小米二八一六石六斗，而搬運材料費用尚未統計在內，歷時二年始告完成。這橋工程的浩大，經營的不易可想而知了。自這橋落成以後，十餘年來，行人商旅咸稱便利。抗戰中日寇蟄伏城內。敵人為了防備我軍的襲擊，竟大拂民意，置群衆利益於不顧，在橋南高地修設碉堡，另架便橋，掘一交通暗□□□堡□直達河北岸的河頭村中，使橋基受到損害。四四年夏季，河水陡漲，灌入壕內，遂將石橋南北兩段沖毀。雖然橋身尚在，但已不便通行，一遇大水，只有望河興嘆。行商抵此觸目感懷，深恨日寇的不□而迫切地要求我政府把這個橋重修起來。

現在中國人民的解放戰爭已經由防禦轉入進攻，廣大的華北地區日趨鞏固與安定。當前的主要任務是加緊建設，恢復交通，□□經濟，積極的支援前綫，以爭取全國解放戰爭的□底胜□漳河橋地當南北通衢，對運輸支前關係很大，急需很快加以修復，不容再緩下去。

梁縣長選賢、劉政委正之有鑒於此，并應長子群衆的要求，召請富有經驗的人開會商討，呈請行署批准，組織建委會訂出計劃，配備幹部督工修理。在建築當中，由於廣大群衆與工匠人等□努力，建委會諸同志的精確計劃，積極負責。大家都不辭勞苦，不畏寒冷，從早到晚不停地在工作着，短期內勝利的完成了這一巨大的工程。不但恢復了昔日創建的壯觀，而且沒有了今后跋涉的困難，行商交頭相贊，群众……有口皆碑，公認這是一件大快人心的事。

這橋於本年十月六日動工，至十二月三十日告成，共用工資米六百九拾五石四斗，增添石頭四二零方丈，墊土一二八零方丈，較創建時的工程擴大了十分之七點七。然而在花費方面却較創建時節省了小米二一二一石二斗，在時間上較創建時縮短了六零四天，這説明群衆的力量多偉大呀！《詩經》上說"庶民攻之，不日成之"的話可見也不是假的了。所有這些成績難道不是群众的功勞嗎？難道不可以流芳百世，永垂不朽嗎？工成勒石，以誌紀念。

長子建設委員會職員：主任梁選賢，副主任楊作楨。

總務處：經理郭有良、總會計張宜賓、采購牛進山、監督股長李樹枝、保管股長范連、會計股長李□□、借貸股長李□海。

幹事：李根景、李天貴、李天祥、牛胖孩、范小龍、李進群。

包工人：申計鎖、郭崇福。

玉工：殷序雲。

中華民國三七年十二月三十日立。

1117. 丁村造船募捐開支碑

立石年代：民國時期
原石尺寸：高 165 厘米，寬 64 厘米
石存地點：臨汾市襄汾縣新城鎮丁村

茲將募化人姓氏開列於後。

丁葆震捐洋貳百元，丁維垣捐洋伍拾元，丁口涵捐洋貳拾元。

丁德生在寧夏募化姓名列後：

義合恒、義合久各捐洋拾伍元，義合長、義合晋、合盛恒、百川匯、敬義泰、協成裕、福新長口記、永盛誠、正泰興各捐洋壹拾元。合盛恒捐洋捌元，德懋隆、談化成各捐洋伍元。法勝誠、德盛泰、長發祥、大有牲、德裕成、雙魁玉、義合東、自立誠、永興西各捐洋伍元。敬義昌、隆泰裕、義成昌、天成西、廣盛全、永成章、永茂和各捐洋伍元。德潤昌捐洋四元，永順誠捐洋三元。德慶祥、泰昌隆、德源恒、誠心合、匯源恒、永茂恒、義盛永各捐洋三元。張文理、靳鳳鳴各捐洋貳元，劉居苯、自立正、光裕恒、復盛合、裕心恒、德盛錫、雙盛玉各捐洋貳元。志興長、天義合各捐洋壹元，義合昌、德生明、和合成、廣茂德、长泰永、福德合、恒泰成、柴壽春恒盛成各捐洋壹元。王存……寧夏共捐貳百七十七元五角，除票換現并貼匯費净得貳百肆拾元零五角。以上共捐洋伍百壹拾元零五角。

茲將化費開列於後：

出修學校包工洋貳百壹拾元，出河上造船壹隻洋壹百元，出修大廟戲台并娘娘廟洋六拾元零五角，出拆寺裡木料修扇屏門洋壹拾五元，出油學校洋捌元、出油畫戲台洋壹拾肆元，出買大梁貳根洋柒元，出買屏門四扇洋肆元，出買柱子壹根洋壹元五角。出買磚洋壹拾八元三角六分八厘，出鼓石水缸洋貳元，出坑坯洋八角四分，出犒勞匠人洋七元六角九分二厘，出秤麻繩洋三元貳角四分，出麥稭洋三元四角，出石灰洋貳元七角，出甬瓦方磚洋壹元六角四分六厘，出小炉匠鎖子洋壹元零六分，出鐵箍并修理鐵器洋三元八角，出仿紙大小釘子合葉洋五元九角壹分，出荊筐灰篩煤油桶洋壹元七角四分，出雜貨洋三元七角，出生鐵火口等洋貳元五角貳分肆厘，出棉花貳斤洋八角三分，出皮膠香表炮等洋壹元一角貳分，出僱車貳輛洋六角，出做匾一塊洋貳元貳角貳分，出木匠上梁封子洋壹元……

入造船剩下洋六元五角。

共出洋五百零七元零九分，除出净存洋九元九角壹分。

啟我後人

1118. 知事郭公堂判碑

立石年代：民國時期
原石尺寸：高180厘米，寬73厘米
石存地點：運城市新絳縣三泉鎮白村

〔碑額〕：啓我後人
知事郭公堂判

訊得此案纏訟經年，所爭者僅止一畫之水。祇以番牌碑誌，一作白村并芦家庄，一作白村并芦李村。遂今喜事者有所藉口，冀以一字之推敲攫取百年之利益。本知事博訪周咨白村與芦家庄，雖有連類并及之文，而多年以來實無同番用水之事。李鴻儀等謂芦李村於明時湮没，地畝水分均歸伊村經理，不爲無因。證以明萬曆十六年八庄公立北關碑記及乾隆三年孝陵庄碑記，白村使水三晝二夜，非特并無芦家庄，抑且并無芦李村，其故可想。爲以至元碑記爲據，當萬曆、乾隆北關孝陵兩次立碑白村之下，概未附帶芦家庄，該庄何以不稟請推翻？如以雍正番牌爲憑，當同光之際修纂通誌、州誌，仍作白村并芦李村，芦家庄何以不呈請刊誤？段得正等謂北關孝陵碑記均屬私立，不足爲憑，未免強詞奪理。又各村習慣，訊據三泉毛石庚、李村王澤臣供稱，皆屬利害相連。調核該渠近年一切工程、布施、碑文及攤派賬簿，白村均按三晝二夜獨力出資，芦家庄則附屬李村攤認三分之一，利害既不相連，事實益昭然若揭。又本署粮册，兩相比較，白村地粮約多芦家庄四倍有奇，律以租税報酬之義，在白村既已完全所得，在芦家庄自不能請求返還。據此種種理由，允宜遵照高前使原批，各節逕從實迹上解決，以照平允而服人心。本知事秉公處判，白村不與芦家庄同番，仍舊使水叁晝貳夜，芦家庄與李村本屬同番，仍舊使水壹夜，不准有意侵奪。惟番牌、誌書均屬官造官刊，作□作李，既經錯誤於前，似應維持于後。自經此次判定，無論何方倘再滋生事端，即照妨害水利律治以應得罪名，決不寬貸。高帮審原詳，取銷兩造，當堂甘服，聽候詳請。巡按使河東道尹核示前項番牌，既與事實不合，據稟批後，再由本知事專案詳請，取銷頒給印花，依式另造，發給各村輪用，以照法守而杜覬覦，均勿違逾。切切此判。

不爲無因下，證以明萬上，内有民律成語未録。本署粮册下，兩相比較上，内有兩庄水旱地数、粮数未録。維持于後下，自經此次上，内有署水拟請毁碑被押、被毆、免議未録。

水利證據并辨訛一覽表

盧李村俗名芦凹裏，省誌作婁李村，州誌山川類、藝文類作盧李村。今雖湮没，古址猶有存焉，遺迹在本村東南五龍宮。客曰："白村并芦李村，芦字即芦家庄，李字即李村。當日三庄歸一，共有水四晝四夜，後因苦樂不均，三庄按地分水，如萬曆北關、乾隆孝陵之分水碑，非明證耶？"主人曰："如客所云，益證白村有水三晝二夜。"

隍廟雍正碑記之訛，查其文，襲取古堆廟大元碑文，原非因興訟而立。無事立碑，一隙也。八庄十三村并無水西庄，而此碑插入水西庄，二隙也。州□□□□分碑宜在大門、二門，茲立於隍廟僻地，碑地不宜，明係偷立，三隙也。□□三隙，足見其訛，番牌誤造。白村并芦家庄，顯係彼時銜下有一大宄。狐假虎威，慢上欺人，爲异日賴水張本，況與隍廟碑皆在雍正之年，明係宄欲表裏作證乎！試觀隍碑種種多隙，足證番牌明明是訛，但以水分不差，故多年未曾興訟以正之。

光绪十六年錫公堂判曰：白村分東西中三甲，每番二十八日有水三晝二夜。照下四庄周而復始浇灌，足見本庄有水叁晝貳夜已歷多年，乃芦家庄民國二年捏控，余村本年前番始將伊水霸截，何太誣也！

北關厢碑在縣城东北，接官亭門衙東墙外，孝陵庄碑在該庄三官廟内，大元碑被賊庄毀壞，無迹可考。

謹做北關厢孝陵庄兩碑水分地畝列左：

三泉庄：使水貳晝貳夜，地貳百肆拾畝。白村庄：使水叁晝貳夜，地叁百畝。李村并芦家庄：使水壹晝貳夜，地壹百捌拾畝。上孝陵：使水貳晝貳夜，地貳百肆拾畝。下孝陵：使水叁晝叁夜，地叁百畝。上石村：使水貳晝半貳夜，地叁百畝。下石村：使水貳晝半貳□，地叁百畝。王庄：使水貳晝貳□，地貳百柒畝。磨頭庄：使水貳晝貳夜，地貳百貳拾畝。祁郭庄：使水叁晝肆夜，地叁百玖拾畝。北關厢：使水肆晝肆夜，地伍百柒畝叁分。州衙：使水壹晝壹夜。

各庄使水共貳拾捌晝夜。番次壹輪。

《知事郭公堂判碑》拓片局部

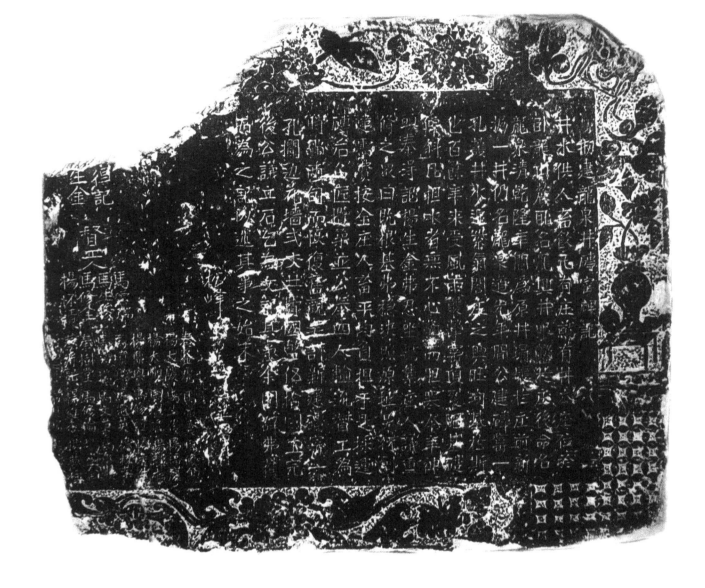

1119. 創建龍泉井磚窯碑記

立石年代：民國時期

原石尺寸：高 50 厘米，寬 60 厘米

石存地點：臨汾市洪洞縣堤村鄉窯上村

創建龍泉井磚窯碑記

井水供人畜飲，凡有庄就有井。本庄位於臥龍山麓，取名龍典，井眼鑿於庄後，命名龍泉。清乾隆年間，爲原井塌壞，於庄前新掘一井，仍名龍泉；道光年間，公建磚窯一孔，護井水，迎紫氣。閣庄之興旺，洵基於斯也。百餘年來，受風雨襲擊，窯頂裂□，基礎傾斜，凡担水者無不心驚而胆寒。本年，神頭秦得記、楊生金，弗忍坐視，集庄人議重修之。衆曰："既根基弗穩，決照原址另行創建。需費按全庄人畜平均負担。"於是采運磚石，召匠攬築，并公舉四人輪流督工。爲時滿兩旬而恢復舊觀矣。記新建磚窯一孔，欄邊花墻貳丈，共費國幣伍拾圓。工完後，公議立石，乞爲文記其事。余固辭弗獲，而爲之記，以述其事之始末。

松峰□□□撰并書丹。

（以下碑文漫漶不清，略而不録）

1120. 創修井龍王碑

立石年代：民國時期
原石尺寸：高 140 厘米，寬 56 厘米
石存地點：長治市平順縣石城鎮和峪村

〔碑額〕：萬古

創修井龍王碑

夫聞世有不測之事，方能建以不□之功，此理之必然也。如天有日暄雨潤，培養……均稱以至尊，并且春秋而奉□之。近來連年荒旱，我村較諸鄰里甘……若非神恩靈佑而□如□□？況井龍王位居井邊，大施霖雨……亦屬沆沴焉；更令人感□者，今歲之夏魃魔宣□，地赤……不雨。□□首事人等咸集神前，露跣致禱，祝告未畢……稔，村人感恩，創建廟宇，用報鴻恩。經始于九月初六日，告……于聖前，青山圜圍於廟後，盛景奇址，□然更新。惟恐日……人等，誠敬勤勞之心，故謹摘筆而爲之序。

（以下碑文漫漶不清，略而不録）

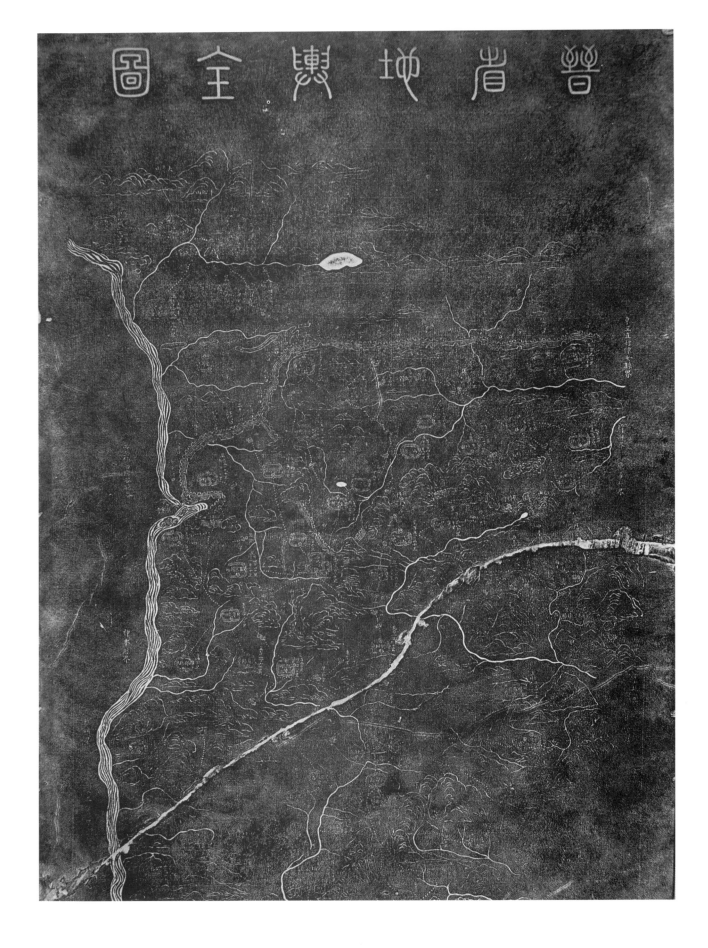

1121. 晋省地輿全圖碑

立石年代：紀年不詳
原石尺寸：高 151 厘米，寬 71 厘米
石存地點：晉中市靈石縣靈石公園碑廊

〔碑額〕：晉省地輿全圖

索　引

〔注〕：

　　1. 本書所有碑刻先按所在地級市順序排列，地級市順序以漢語拼音字母次序排列。

　　2. 地級市以下碑刻再按縣（市、區）漢語拼音字母次序排列。

　　3. 縣（市、區）以下碑刻按年代順序排列，年代相同的按月日順序排列，年月日相同的按碑文題目漢語拼音字母次序排列。

　　4. 每一碑刻詞條保留編號、碑題、立石年代（含公元紀年）信息。

長治市

索
引

大同市

索引

晋中市

晋中市區

靈石縣

臨汾市

安澤縣

大寧縣

汾西縣

侯馬市

霍州市

索引

吕梁市

汾陽市

懷仁市

318	甲辰仲秋新成城隍老爺神像重修廟宇碑記	清康熙五十年	（1711）
824	增修老爺三官龍王廟禪室戲房碑記	清同治三年	（1864）
832	南小寨龍王廟萬代流芳碑記	清同治四年	（1865）

朔州市區

124	龍王廟石匾	明嘉靖三年	（1524）
146	昭告風伯雨師碣	明嘉靖三十年	（1551）
147	建應雨亭臥碑	明嘉靖三十一年	（1552）
210	甘泉井碑	明萬曆四十年	（1612）
236	創建河神廟碑銘	明崇禎元年	（1628）
355	修理烏龍洞聖母殿碣	清乾隆二年	（1737）
364	烏龍洞山新建玉清虛宮記	清乾隆五年	（1740）
369	龍王廟碑記	清乾隆六年	（1741）
423	清沉潭大師墓碑	清乾隆三十年	（1765）
528	移建補修增修碑記	清乾隆六十年	（1795）
529	劉家口龍王廟移建補修增修布施碑	清乾隆六十年	（1795）
547	修建龍王廟碑記	清嘉慶五年	（1800）
569-1	龍王三元聖母重修碑記（碑陽）	清嘉慶十一年	（1806）
569-2	龍王三元聖母重修碑記（碑陰）	清嘉慶十一年	（1806）
573-1	王化莊移修龍王廟碑記（碑陽）	清嘉慶十二年	（1807）
573-2	王化莊移修龍王廟碑記（碑陰）	清嘉慶十二年	（1807）
654	重修龍神廟碑記	清道光七年	（1827）
671	龍神廟重修碑記	清道光十年	（1830）
701	井坪重修東龍天廟碑記	清道光十八年	（1838）
706	重修碑記	清道光十九年	（1839）
707	遷修龍王廟碑	清道光十九年	（1839）
771	南仗重修龍神廟碑	清咸豐二年	（1852）
773	改造龍王廟樂樓碑記	清咸豐三年	（1853）
788	重修橋梁殘碑	清咸豐七年	（1857）
807	重修聖泉寺老龍神廟碑	清咸豐九年	（1859）
812	城壕堰移建店殘碑	清咸豐十一年	（1861）
826	重修財神龍王窯神廟碑記	清同治三年	（1864）
830	重修龍王廟樂樓碑記	清同治四年	（1865）
860	重修聖泉寺老龍神廟碑記	清同治十一年	（1872）
873	重修碑記	清光緒元年	（1875）
892	老龍洞摩崖洞額	清光緒八年	（1882）
902	歲時紀事考實錄藝殘碑	清光緒十三年	（1887）
908	勒馬溝移建龍王廟碑誌	清光緒十五年	（1889）

太原市

古交市

忻州市

岢嵐縣

寧武縣

陽泉市

盂縣

索引

2481

運城市

河津市

索引

索引